企業軟實力的演化與評價
——從文化動力到影響力

禹海慧 著

S 崧燁文化

前言

改革開放以來，中國的經濟綜合實力逐步提升，但是我們的管理思想、文化、創造力、執行力、資源整合能力、品牌與無形資本輸出等的影響力在國際市場中仍然有限。究其原因，是我們的綜合實力中的軟實力有所欠缺所致。企業在兼具經濟性與社會性特點的情況下，成為社會生產與生活水平、方式、文化、創新、技術、需求等競爭的主要戰場。企業在資本逐利性的本質下追求市場擴張、規模擴大、產品創新、技術改進，其生產能力、技術與質量水平、生產先進性程度成為企業產品競爭的物質基礎，在社會性的要求下滿足、迎合、引導消費需求，甚至創造消費需求，乃至改變人們的生活方式，其服務水平與能力成為人們評價的話題，前者屬於企業硬實力的範疇，而后者則歸於企業軟實力的領域。

在現代企業競爭中，產品與服務質量、功能滿足是企業的本分，流程高效能力、資源整合能力、技術創新能力、成本降低能力等是企業被動競爭的基礎條件，而文化影響能力、價值

傳播能力、企業吸引能力等才是企業主動謀求競爭優勢的長效機制。企業軟實力是企業在長期的市場競爭中，在一定的市場環境、社會環境中，有意與無意、被動與主動相結合的，在與利益相關者的持續互動關係中，通過引導與創造，進而不斷取得文化吸引、價值認同，並在此過程中逐步形成的（硬資源與軟資源）兩種資源整合與傳播的能力，這種能力可以幫助企業達成長期發展目標。

企業軟實力是社會經濟、企業競爭與發展到一定階段的產物。企業為了實現自己的經濟利益就需要與消費者達成價值的共識，即通過提高企業與利益相關者對企業價值的認同感，來達到更深遠、更長效的價值影響力，也就是企業軟實力的體現。企業軟實力既是企業對於自身價值觀範疇的不斷擴大的過程，也是企業性質、價值不斷發現的過程；既是企業價值觀內部凝聚的過程，也是企業精神不斷向外擴散的過程。企業軟實力的發展依次經歷了企業文化、企業社會責任、企業家精神、企業影響力等過程，企業軟實力是上述概念與實踐的高級形態。

當前關於企業軟實力的研究，主要集中於其外在表現形式，而對於其形成的根源與動力以及它們的內在邏輯、相關仲介變量、上述發展過程缺乏細緻而系統的考量。本書從分析社會與企業發展的文化動力基因入手，指出企業文化動力與社會文化動力是企業軟實力的內核，企業軟實力來源於兩者的結合，企業軟實力的演化需要從文化方面來展開，並總結與提出了企業軟實力的演化形態與階段的模型；然后分別從企業文化、企業社會責任、企業家精神、企業影響力四個階段與形態來分析企

業軟實力深層次的來源、對組織績效的影響、實現途徑,圍繞四種表現形態的內容與機理、相關仲介及其聯繫、互動影響等展開論述,試圖構建一個完整的企業軟實力的概念形成路徑、相關仲介聯繫機理、影響方式的系統分析框架;分析了企業軟實力的評價指標,用模糊層次評價的方法進行實證分析。最后,本書從識別、培育、強化企業發展的文化動力,創造價值認同提升企業影響力,建立無形資本管理體系,追求卓越的公司治理等方面,提出建設企業軟實力的策略。

本書在內容上呈現出以下幾方面的特點:一是系統地梳理了企業軟實力的演化路徑與形態,提出了軟實力是一個社會、歷史、企業發展到一定階段的產物,其內涵與外在表現是不同的研究範疇,只有在不斷挖掘其文化動力的基礎上,提升軟實力的對策才會有效。二是企業文化、企業社會責任、企業家精神、企業影響力是企業與社會文化動力共同作用機制的結果,也是企業軟實力內涵演化的基本形式。三是企業軟實力的內涵與外在表現之間存在諸多仲介變量,如組織學習能力、組織資本、知識資本、社會資本與社會網路等,仲介變量作用方式與力量的大小關係到軟實力的形成規模與強度。四是企業軟實力的評價往往是評價其外在表現,外在表現的張力是研究者對軟實力的直觀反應,評價指標的構建需要考慮外在張力的影響力。五是企業軟實力的提升對策是一項複雜的系統工程,識別、培育軟實力來源,從文化動力方面創造價值認同,加強無形資本管理,追求卓越的公司治理是其有效途徑。

本書的研究旨在為企業軟實力的研究拓寬新的研究思路,

也為企業經營實踐提供有益的借鑑，有助於中國企業軟實力乃至綜合競爭能力的提升，在國際市場競爭中形成更為廣泛的影響力。

禹海慧

目錄

1 緒論 / 1

1.1 企業軟實力的起源與內涵 / 3

    1.1.1 從國家軟實力到企業軟實力 / 3

    1.1.2 企業軟實力的內涵 / 6

1.2 企業軟實力的研究述評 / 10

    1.2.1 企業軟實力的形成機理 / 10

    1.2.2 企業軟實力的外在表現張力 / 13

    1.2.3 企業軟實力的培育 / 14

1.3 企業軟實力的文化動力基因 / 18

    1.3.1 文化動力的本質 / 18

    1.3.2 社會發展的文化動力 / 19

    1.3.3 企業發展的文化動力 / 21

    1.3.4 企業文化動力與社會文化動力的融合：軟實力的內核 / 23

1.4 企業軟實力的演化形態與階段 / 26

    1.4.1 企業文化 / 26

1.4.2　企業社會責任 / 28
1.4.3　企業家精神 / 30
1.4.4　企業影響力 / 31

2　企業軟實力的根本：企業文化 / 33

2.1　企業文化的本質與影響因素 / 33
2.1.1　企業文化的本質 / 33
2.1.2　影響企業文化形成的因素 / 36

2.2　企業文化與組織資本、組織能力 / 40
2.2.1　企業文化與組織資本 / 40
2.2.2　企業文化與組織能力 / 44

2.3　企業文化對組織績效的影響 / 46
2.3.1　企業文化與組織績效的關係 / 46
2.3.2　企業文化與組織績效的匹配性 / 48

2.4　區域文化、民族文化與組織文化的融合 / 51
2.4.1　區域文化特徵與組織文化構建 / 51
2.4.2　少數民族企業如何構建特色企業文化 / 57

3　企業軟實力的昇華：企業社會責任 / 65

3.1　企業社會責任的內涵與原動力 / 66
3.1.1　企業社會責任的內涵與理論解釋 / 66
3.1.2　企業社會責任的內部動力來源 / 71

3.2 基於企業社會責任的組織文化 / 78

- 3.2.1 企業社會責任與組織文化的統一 / 78
- 3.2.2 企業經濟性與社會性的統一 / 80
- 3.2.3 企業的歷史使命與傳統義利觀的統一 / 81

3.3 企業社會責任對組織績效的影響及機理 / 85

- 3.3.1 企業社會責任對組織績效的影響概述 / 85
- 3.3.2 企業社會責任對於企業績效影響的機理 / 87

3.4 企業社會責任的邊界與有效性 / 92

- 3.4.1 企業社會責任的邊界 / 92
- 3.4.2 企業社會責任的有效性與企業效率 / 93

4 企業軟實力的內核：企業家精神 / 97

4.1 企業家理論與企業家精神 / 97

- 4.1.1 企業家理論 / 97
- 4.1.2 企業家精神 / 100

4.2 企業家精神對組織績效的影響（基於組織學習與創新）/ 105

- 4.2.1 企業家精神通過仲介對組織績效的影響 / 105
- 4.2.2 企業家精神與組織學習 / 107
- 4.2.3 企業家精神與組織創新能力 / 109

4.3 知識資本、社會網路與企業創新能力的關係 / 111

- 4.3.1 知識資本、社會網路與企業創新能力的概述 / 111

4.3.2　社會網路、知識資本與企業創新能力的關係
　　　　　　模型 / 113
　　　4.3.3　社會網路、知識資本對企業創新能力的作用
　　　　　　機理總評 / 119
4.4　企業家精神與知識資本、社會網路 / 120
　　　4.4.1　知識資本的內容與價值實現機理 / 120
　　　4.4.2　知識資本通過組織資本促進組織學習與創新 / 125
　　　4.4.3　企業家社會網路對組織學習與創新的影響 / 128
　　　4.4.4　企業家精神通過社會網路構建知識資本 / 132

5　企業軟實力的實質：企業影響力 / 135

5.1　企業影響力的實質與來源 / 135
　　　5.1.1　企業影響力的實質 / 135
　　　5.1.2　企業影響力的來源 / 141
5.2　企業影響力的資本屬性 / 144
　　　5.2.1　企業道德資本 / 145
　　　5.2.2　企業品牌資本 / 148
　　　5.2.3　企業文化資本 / 152
　　　5.2.4　企業社會資本 / 154
5.3　基於利益相關者的供應鏈管理：企業影響力的實現
　　　途徑 / 157
　　　5.3.1　供應鏈影響力的結構 / 157
　　　5.3.2　供應鏈管理中社會責任的影響 / 160

5.3.3　提高供應鏈管理中企業影響力的方式 / 164

5.4　基於價值分享的品牌管理：企業影響力的整合傳播 / 166

　　　5.4.1　品牌價值的來源與管理 / 166

　　　5.4.2　品牌價值的傳播與分享 / 169

6　基於模糊層次評價的企業軟實力指標建構與測度 / 173

6.1　引言與回顧 / 173

6.2　企業軟實力的評價方法與指標構建 / 175

　　　6.2.1　企業軟實力的評價指標 / 175

　　　6.2.2　企業軟實力的評價方法 / 176

6.3　數據來源與企業軟實力測度 / 179

　　　6.3.1　數據來源 / 179

　　　6.3.2　企業軟實力測度 / 181

6.4　結論與建議 / 184

　　　6.4.1　結論 / 184

　　　6.4.2　建議 / 185

7　企業軟實力的提升策略 / 187

7.1　識別、培育與強化企業發展的文化動力 / 188

　　　7.1.1　識別企業發展的文化動力 / 188

　　　7.1.2　培育與強化企業發展的文化動力 / 194

7.2 創造價值認同提升企業影響力 / 198

    7.2.1 創造組織內部認同 / 199

    7.2.2 創造組織外部認同 / 202

7.3 建立無形資本管理體系 / 204

    7.3.1 識別無形資本的累積過程 / 204

    7.3.2 明確影響無形資本價值的因素 / 206

    7.3.3 建立培育無形資本的累積體系 / 207

7.4 追求卓越的公司治理 / 209

    7.4.1 公司治理機制是企業軟實力的重要保證 / 209

    7.4.2 公司治理機制的趨同化與獨特性的統一 / 211

    7.4.3 卓越公司治理的發展方向 / 214

參考文獻 / 219

后記 / 232

1 緒論

　　在現代的國際競爭與國際秩序中，一個國家與地區的實力除了取決於其軍事技術與規模、經濟規模與增長后勁之外，更取決於綜合國力。綜合國力是一個主權國家賴以生存與發展所擁有的全部實力及國際影響力的合力，其內涵非常豐富，其構成要素既包含自然的，也包含社會的；既包含物質文明的，也包含精神文化的；既包含實力及實力體系，也包含潛力以及由潛力轉化為實力的機制。綜合國力是一個國家的政治、經濟、科技、文化、教育、國防、外交、資源、民族意志、凝聚力等要素有機關聯、相互作用的綜合體。

　　中國的發展歷史經歷了綜合國力的由強轉弱，再由弱漸強的過程。在中國古代，唐宋時期，中國的經濟總量占全球的比重非常大，中國是全球經濟、文化、貿易中心。到了清朝末年，國家的經濟、政治、文化、軍事等實力在全球的排名急遽下降，國民的自信心在全球對比中，「東亞病夫」的精神烙印深深地刺激了一代又一代人，工業化的緩慢、政治變革的一再推遲、文化與思想的僵化、閉關自守的對外交流政策以及一次又一次在經濟、貿易、外交、軍事領域遭受打擊，國家層面的綜合實力跌到了谷底。辛亥革命以及之前隨著「睜眼看世界」思潮的湧動，「師夷長技以制夷」等洋務運動的興起，經過幾代人的探索，帶來了新文化運動。思想的解放給近代中國的社會變革帶

來了難以估量的影響，國家綜合實力探底回升。

抗日戰爭勝利之後，中國成為聯合國五個常任理事國之一，在國際事務中的影響日益擴大；新中國成立後的「抗美援朝」戰爭、「兩彈」的試驗成功，檢驗了中國的軍事實力；對外貿易、吸引投資、國內生產總值總量、外匯儲備等經濟數據顯示了中國經濟實力的增長規模與后勁；競技體育項目在奧林匹克運動會上的優異成績，展示了中華兒女的良好風貌；許多國家的國民對漢語、中國傳統文化與藝術等的興趣日益增多，來華交流、學習的外國留學生也越來越多；中國的出入境旅遊人數、旅遊收入與支出也是逐年增長……以上信息表明，中國的綜合實力在逐年上升。但是由於中國的工業化進程比西方主流國家晚了200年左右，中國國民對於經濟領域的產品品種、質量、數量與規模、消費者需求的創造與滿足等方面，存在一時難以逾越的鴻溝，因此在新中國成立以後的國家綜合實力的競爭方面，中國更多地考慮的是經濟實力的提升。

改革開放之后，中國在裝備投入、規模與產能投入、技術引進與模仿、消費者基本需求滿足等方面投入了大量的資源，解決了基本商品短缺的社會矛盾，人民生活水平、經濟收入逐年提高。但是，社會經濟的細胞——企業，在持續運行與市場競爭過程中，逐漸認識到縮小與工業發達國家的企業之間的經濟差距，關鍵在於管理水平，即我們的管理落後問題比技術落後更為嚴峻，我們的管理思想、文化、創造力、執行力、資源整合能力、品牌與無形資本輸出等的影響力在國際市場中十分有限。為了縮小差距，我們付出了20多年的時間和大量資金。在經濟、技術全球化和可持續發展已經成為共識的經營環境中，如果我們的企業仍然陶醉於增強硬實力和獲得短期經濟利益，在下一輪新經濟競爭中又要落後幾十年，將再一次重複引進、模仿、製造的道路。因為下一輪競爭仍然是綜合實力的競爭。

綜合實力既包括硬實力，也包括軟實力。

因此，企業在兼具經濟性與社會性特點的情況下，成為社會生產與生活水平、方式、文化、創新、技術、需求等競爭的主要戰場。企業在資本逐利性的本質下追求市場擴張、規模擴大、產品創新、技術改進，其生產能力、技術與質量水平、生產先進性程度成為企業產品競爭的物質基礎，在社會性的要求下滿足、迎合、引導消費需求，甚至創造消費需求，乃至改變人們的生活方式，其服務水平與能力成為人們評價的話題，前者屬於企業硬實力的範疇，而后者則歸於企業軟實力的領域。

尤其是在20世紀70年代以來，日本企業在全球的影響力日益擴大，其產品質量與服務水平明顯區別於其他地區的企業，引起了全球研究者的廣泛關注。研究表明，日本企業如豐田、松下、索尼、三洋、三菱等，其硬件設施和生產技術與美國、德國的企業相比，並無過人之處，但其對於質量、成本、精細、準時供應等方面的追求，令其他企業望塵莫及。其背後的原因，在於日本企業的軟實力明顯高於其他同類企業，尤其是企業文化、品牌等無形資本的輸出，成為企業市場制勝的法寶。因此，關於企業軟實力的研究漸漸浮出水面，進入人們的視野。

1.1 企業軟實力的起源與內涵

1.1.1 從國家軟實力到企業軟實力

1.1.1.1 國家軟實力

在現代的國際關係中，綜合國力的競爭和博弈將決定一個國家在未來世界秩序中的地位與角色。大家普遍關注到軟實力在國際關係中的影響日增，世界主要大國在注重硬實力的增強

之時，也十分重視增強自身的軟實力。各種軟實力間既相互競爭較量，又相互吸引、融合。各國關於軟實力的觀點與研究也日益增多。

19世紀，法國政治思想家托克維爾就曾經指出，昔日的君主只靠物質力量進行壓制，而今天的民主共和國則靠精神力量進行壓制，連人們的意志它都想徵服。美國學者克萊因早在20世紀70年代便提出了知名的「國力方程」，把戰略目標與國民意志作為衡量國力的重要組成部分。無論是戰略目標還是國民意志，都是極其複雜的無形因素，也可稱為軟實力，難以用靜態標準來衡量。美國學者斯拜克曼把民族同質性、社會綜合程度、政治穩定性、國民士氣都視為軟力量。英國著名學者羅伯特·庫伯則認為，合法性是軟實力的核心要素。

20世紀90年代，約瑟夫·奈從國家實力的角度出發，認為軟實力是一種通過吸引而不是強迫別人來達到結果的能力，或是一個國家能夠操縱另一個國家政治議程的能力。約瑟夫·奈將綜合國力分為硬實力與軟實力兩種形態。硬實力（Hard Power）是指支配性實力，包括基本資源（如土地面積、人口、自然資源）、軍事力量、經濟力量和科技力量等；軟實力（Soft Power）則分為國家的凝聚力、文化被普遍認同的程度和參與國際機構的程度等。相比之下，硬實力較易理解，而軟實力就複雜一些。約瑟夫·奈把軟實力概括為導向力、吸引力和效仿力，是一種同化式的實力——一個國家思想的吸引力和政治導向的能力。

約瑟夫·奈強調，相對於硬實力，一個國家的軟實力主要來自文化、政治價值觀和外交政策三個方面。真正的軟實力是在長期的經國治世的哲學思想指導下，一系列精神指引、文化傳統、外交政策與原則、大國作用、社會貢獻、人類發展等指標與領域的集合，而不是刻意而為之。如果提升和應用軟實力，

是抱著控制或操縱他國、他人的目的，軟實力只是達到這種目的的手段和表現形式，那麼永遠也達不到真正提高和累積軟實力的目的。

綜合研究者的觀點，軟實力作為國家綜合國力的重要組成部分，特指一個國家依靠政治制度的吸引力、文化價值的感召力和國民形象的親和力等釋放出來的無形影響力。軟實力主要包括以下內容：一是文化的吸引力和感染力；二是意識形態和政治價值觀的吸引力；三是外交政策的道義和正當性；四是處理國家間關係時的親和力；五是發展道路和制度模式的吸引力；六是對國際規範、國際標準和國際機制的導向、制定和控制能力；七是國際輿論對一國國際形象的讚賞和認可程度。

然而，目前有種傾向，即過分強調軟實力對他國、其他企業或他人的影響力、吸引力、競爭力，相對忽視軟實力首先是內部（本國、本企業、本人）可持續發展能力之提升的需要。這需要引起我們的警惕，也需要我們防患於未然。

1.1.1.2 企業軟實力

國家之間的軟實力研究逐漸擴散到經濟領域，產生了企業軟實力的概念。不同時期的企業實力是不斷演化的。在工業革命時期為滿足人們基本的消費需求，企業的代表實力就是大規模、工業化、標準化、低成本生產，此時企業實力的象徵往往是資金、土地、生產規模與生產能力等。

到了工業化后期，社會生產對於人們的基本生活需求已經能夠充分滿足，不同群體的消費需求有著明顯的區別，用戶對於企業服務的水平要求日益提高，企業開始追求高質量、多功能、縮短交貨週期的敏捷製造、滿足不同需求的柔性生產等，企業開始面對全球化的市場。如何在全球市場實現經濟利益，成為企業不斷追求的目標，企業在實現經濟利益的過程中體現出來的資源整合能力與市場開發能力，成為企業實力強弱判斷

的主要依據。

隨著信息社會的來臨，人們已經不僅僅滿足於基本的物質生活消費，開始出現「追求自我」的消費，外在的表現就是賣方市場向買方市場轉變，個人的需求更加多樣化，需求呈現易變性、相互影響性，尤其是人們的受教育水平越來越高，對於產品與服務本身包含的文化品位、價值觀念、身分與地位、功能與自由、隨性與個性等產品內存的追求與日俱增。在這種背景下，消費者在交易中的權利就更大了，企業為了實現自己的經濟利益就需要與消費者達成價值的共識，即通過提高企業與利益相關者對企業價值的認同感，來達到更深遠、更長效的價值影響力，也就是企業軟實力的體現。

尤其是隨著互聯網以及移動互聯網的興起，各種社交網站、平臺的湧現，綜合電子商務平臺、專業電子商務平臺、特殊商品電子商務網站日益增多，各種商品與服務在網路上大量聚集，產品、服務、消費信息日趨透明與公開，消費者在消費選擇上的權力與範圍日趨擴大。而在一定時期內，總的消費需求是一定的，因此企業如何評估、傳播自己的價值追求，取得消費者、利益相關者的共鳴，顯得尤為重要。

換句話說，在現代企業競爭中，產品與服務質量、功能滿足是企業的本分，流程高效能力、資源整合能力、技術創新能力、成本降低能力等是企業被動競爭的基礎條件，而文化影響能力、價值傳播能力、企業吸引能力等才是企業主動謀求競爭優勢的長效機制。而文化影響能力、價值傳播能力、企業吸引能力正是企業軟實力的研究與實踐範疇。

1.1.2 企業軟實力的內涵

企業軟實力是企業實力的重要組成部分與概念延伸，關於其內涵的理解有許多不同的表述。郭倩認為企業軟實力是現代

企業為適應市場環境，與消費者達成的價值共識。價值共識是指企業與消費者在消費主張、消費體驗、消費滿足方面形成共同的消費觀念。她的觀點中較為突出地體現了企業軟實力是對消費者的一種被動回應，是市場競爭壓力倒逼的結果。

黃國群等認為企業軟實力是企業主體通過對企業特定資源的佔有、轉化和傳播，以吸引企業利益相關者等客體，獲取他們的價值認同，使他們產生企業所預期的行為，最終達到企業目的的一種能力。嵇國平認為企業軟實力本質上是一種吸引力，是企業通過有效整合企業的軟、硬資源，以滿足企業利益相關者的需要，從而獲取其價值認同，最終實現企業目的的一種吸引力。羅高峰則從資源觀和能力觀的雙視角，將企業軟實力定義為通過對企業理念的塑造、佔有、轉化、傳播，以吸引企業利益相關者等客體，獲取他們的價值認同，使他們產生企業所預期的行為，最終達到企業目的的一種能力。他們的觀點更加強調通過引導、吸引利益相關者，產生價值認同、預期行為，實現企業目標的軟實力塑造途徑。

徐世偉等認為企業軟實力是企業通過對其經營理念、企業文化和價值觀等的塑造和傳播，獲得消費者、企業員工、銷售者、政府、社區和社會組織等利益相關者的認同和信任，從而形成企業核心競爭力的一種能力。與硬實力傾向於體現企業規模、資金、設備等不同，企業軟實力更多地強調企業的組織模式、品牌聲譽、創新機制等無形資源，通過一種訴諸心靈的方式吸引內部和外部的利益相關者，使他們表現出企業預期的行為，從而實現企業的目標。他們的觀點則突出了價值認同之後，企業通過無形資源轉變為無形資本，產生資本溢價輸出，增強企業競爭能力的實現方式。

另外有一些研究者從不同的側面提出了對企業軟實力的不同理解。高昆認為企業軟實力代表的是一種制度化的能力，是

企業在長期發展過程中逐步形成的制度規程和組織成員行為規範的總稱。鄧正紅將企業軟實力定義為企業經過長期累積所形成的一種能力和習慣，它能為企業未來的生存發展發揮持續的整合作用。王洪亮認為，企業軟實力就是企業文化彰顯出的實力和競爭力，可以通過企業凝聚力、向心力、承受力、適應力、學習力、創新力等十種力量表現出來。

上述觀點有一個共同之處，就是均在研究中自發地將企業實力區分為硬實力與軟實力，將企業資源區分為硬資源與軟資源。在研究硬實力時，相對應的資源為硬資源，如土地、資金、裝備與技術水平、生產能力、市場規模等；在研究軟實力時，資源對象集中於軟資源，如品牌資本、企業文化、形象資本、社會責任、學習能力與創新能力等。事實上，軟實力的開發與培育離不開軟、硬兩種資源的結合，硬資源是載體、是基礎，軟資源是協調、是整合、是延伸。企業實力的形成與提升來自於兩種資源的應用能力，也取決於兩種資源的整合能力，硬、軟資源的整合，首先是促進軟實力的形成與提升，然后才是兩種實力的整合，形成企業綜合實力（如圖1.1所示）。

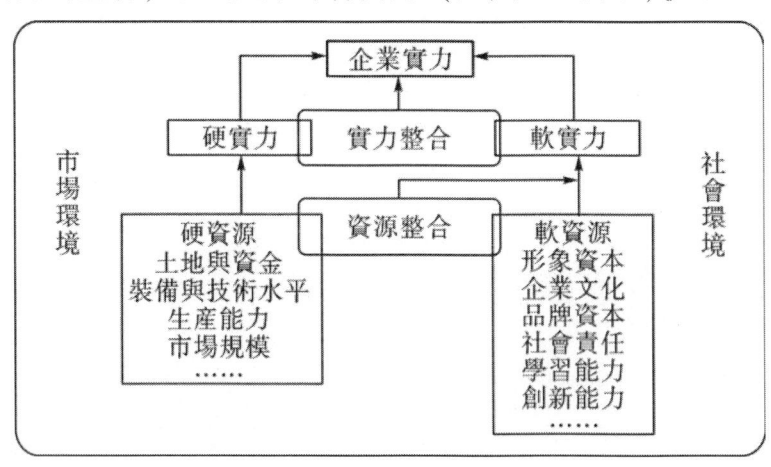

圖1.1　企業實力與軟實力

綜上所述，企業軟實力是企業在長期的市場競爭中，在一定的市場環境、社會環境中，有意與無意、被動與主動相結合的，在與利益相關者的持續互動關係中，通過引導與創造，進而不斷取得文化吸引、價值認同，並在此過程中逐步形成的（硬資源與軟資源）兩種資源整合與傳播的能力，這種能力可以幫助企業達成長期發展目標。該定義有以下幾個方面的特徵：

第一，軟、硬資源是企業軟實力的基礎，而有效整合企業的軟、硬資源是企業軟實力發揮作用的關鍵。硬資源都是同質的，軟資源都是異質的，而且隨著市場競爭的加劇，硬資源創造價值的作用越來越小，軟資源創造價值的作用越來越大，企業未來的生存和發展要更多地依賴於軟資源。因此，企業實力的形成是一個複雜的過程，既包括硬、軟實力的形成過程，也包括兩種實力的整合過程。

第二，企業所能整合的資源是企業軟實力的根本來源。企業所能整合的資源可以分為企業硬資源和軟資源。企業的硬資源是軟資源起作用的前提，企業的軟資源起到放大企業硬資源的效應，兩種資源整合的過程也是企業軟實力的形成過程。硬實力與軟實力的整合可以起到放大企業實力的效果。

第三，滿足企業利益相關者的需要是獲取企業利益相關者價值認同的前提和條件，也是企業潛在硬實力轉化為現實軟實力的關鍵。利益相關者分佈在市場環境、社會環境中，有潛在的，也有現實的。

第四，企業軟實力是一種吸引力，是通過滿足利益相關者的現實與潛在需要，獲得他們價值認同的一種吸引力，這種吸引力只有在與利益相關者的互動中才能得以實現。這種吸引力，需要企業加以引導、創造、傳播。

第五，企業軟實力是企業在市場競爭中、長期發展中自發形成的，也可以在主觀上加以培育，其培育過程實質上是企業

在社會、市場環境中不斷重新認識自身定位、作用、存在價值的過程。

1.2 企業軟實力的研究述評

關於企業軟實力的研究，當前主要集中在以下四個方面：企業軟實力的形成機理、企業軟實力的外在表現張力、企業軟實力的培育、企業軟實力的評價。其中，關於企業軟實力的評價，將在后續部分論述。

1.2.1 企業軟實力的形成機理

黃國群、徐金發等人對企業軟實力的形成過程與機理進行了深入探究，其研究認為企業作為一個主體首先應通過獲得和佔有特定的企業軟、硬資源形成潛在的企業軟實力，然后企業的軟、硬資源必須經過載體的轉化與傳播才能形成一種感召力、創新力、凝聚力，從而增強對利益相關者的吸引力，提高他們的認同程度，最終實現向企業現實軟實力的轉化。同時，企業軟實力需要通過一定的途徑去實現企業目的，即企業要通過其系統傳播實現與企業利益相關者的互動，從而作用於利益相關者的心理層面最終獲得他們的價值認同進而改變其行為，來達到企業的預期目的。儘管黃國群等人的研究具有很強的借鑑意義，他們提出了企業軟實力發揮作用的重要前提是獲得企業利益相關者群體的價值認同，但他們對於獲得企業利益相關者的價值認同的途徑却未進行深入研究。

嵇國平在黃國群等人研究的基礎上指出了應該通過滿足企業利益相關者的需要，使他們從心靈上產生與企業的共鳴，提高其對企業認同的程度。孫海剛也強調獲得利益相關者價值認

同的重要作用，並認為企業應該對不同的利益相關者採取有針對性的交流和溝通方式，同時還提出了企業軟實力作用的閉環機制，將企業軟實力的作用過程分為瞭解與感知、好感與吸引、認同與行為三個階段，詳細地說明了在不同的階段與多元利益相關者聯繫與互動的不同方式。羅高峰基於價值認同的視角對企業軟實力的作用機制進行了研究，將企業軟實力的作用過程分為了三個階段，即企業理念的塑造和轉化階段、傳播階段、價值認同實現階段。通過這三個階段，實現企業自身理念的調整與利益相關者自我認同的引導，最終實現價值認同。他先後從企業的內部利益相關者和外部利益相關者入手，分別研究了企業理念的塑造和轉化階段以及傳播和價值認同階段，從而構成了企業軟實力的作用模型。

　　郭海清認為軟實力的形成機理表現為在企業內部，企業文化作為原動力，充分凝聚企業團隊中每一個員工的智慧，充分發揮企業團隊中每一個員工的創造力，充分釋放企業團隊中每一個員工的潛能，從而達到增強企業團隊創造力、提高企業整體戰鬥力和企業整理素質的目的；在企業外部，通過大量生動形象、具體紮實的工作，對公眾利益、生態環境、社會進步、積極履行企業的社會責任、提高企業的公信度和美譽度及自我創新能力，獲得有利於推動企業發展的政策扶持環境、公眾評價環境、人際和諧環境等，在社會和廣大消費者心目中形成強勢持久的影響力、感召力和輻射力，從而達到外塑形象的目的。企業軟實力的影響因素包括硬實力、企業文化、創新能力以及企業家的修為。其中，硬實力是企業軟實力的載體，企業文化是企業軟實力的核心內容，創新能力是企業軟實力的生存保障，企業家的修為是企業軟實力的原動力。

　　於政紅的研究得出三個重要觀點：一是企業資源是企業軟實力形成的物質基礎。企業的生存和發展離不開企業所擁有或

控制的各種資源；無論哪種資源對企業的生存和發展都不是單獨起作用的，都離不開其他資源的支持與配合，資源的劃分沒有絕對的界限與標準；雖然硬資源與軟資源存在差異，但二者之間的聯繫超過二者之間的差異，硬資源是軟資源發揮作用的基礎與保障，軟資源則可以引導並帶動硬資源的使用。企業為了發揮整體實力，硬資源與軟資源均應得到重視，不可偏廢其一。二是核心競爭力是企業軟實力的關鍵，企業整合利用資源能力的「異質性」決定了企業的核心競爭能力，企業長期累積形成的企業文化和企業精神是企業核心競爭力的根源。三是利益相關者認同是企業軟實力得以實現的前提。

曹江峰認為軟實力的形成機理表現為兩個層面：在企業內部，企業文化作為原動力，充分凝聚企業團隊中每一個員工的智慧，充分發揮企業團隊中每一個員工的創造力、充分釋放企業團隊中每一個員工的潛能，從而達到增強企業團隊創造力，提高企業整體戰鬥力和企業整理素質的目的；在企業外部，通過大量生動形象、具體紮實的工作，對公眾利益、生態環境、社會進步積極履行企業的社會責任，提高企業的公信度、美譽度和自我創新能力，獲得有利於推動企業發展的政策扶持環境、公眾評價環境、人際和諧環境等。在社會和廣大消費者心目中形成強勢持久的影響力、感召力和輻射力，從而達到外塑形象的目的。

通過以上的研究我們發現企業軟實力作用機理是一個比較複雜的過程，雖然最初學者們的研究有失偏頗，但隨著研究的逐漸深入，學者們對於企業軟實力形成與作用機理的研究也更加全面和完善，涵蓋了企業軟實力的作用基礎、過程、結果、外在表現各個關鍵要素。

總體來說，企業軟實力是企業以提高社會服務能力與效果、獲得各利益相關者的認可為原始動力，以企業內部的學習、創

新、核心團隊與精神培養為載體，通過軟、硬資源的綜合運用過程，對內形成凝聚力，對外形成吸引力，這種影響力會對企業所掌握與施加影響的資源、所獲取的能力形成疊加和倍增的效應，企業的社會服務能力進一步增強，使得凝聚力、吸引力形成螺旋式增長，最終形成一種企業長期發展的良性循環（如圖1.2所示）。

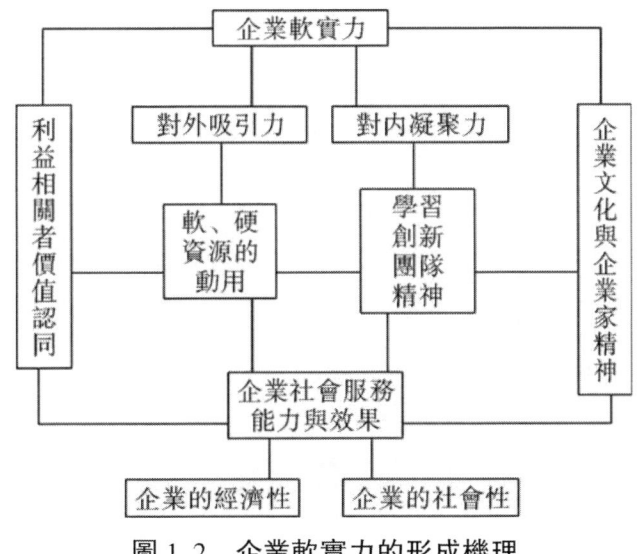

圖1.2 企業軟實力的形成機理

1.2.2 企業軟實力的外在表現張力

中國軟實力研究中心認為企業的軟實力表現為原動力、感召力、規劃力、共識力、執行力、管控力六大能力的協調聯動。

孫顯輝認為高效率的知識分享是企業軟實力的重要組成部分，而組織信任與工作滿足是知識分享的重要前提。

鄧正紅從企業未來生存的角度，按照環境—資源—文化三要素依次提升的未來生存戰略思維，以資源整合為落腳點，將企業軟實力劃分為五個層次，即趨勢預見力、環境應變力、資源整合力、文化制導力和價值創新力。這五個層次的軟實力逐

級上升。此外，他在后續研究中，發現企業軟實力還包括學習力、專注力、協同力、執行力四種基礎力量。

丁政等從思想力（精神文化）、策略力（制度文化）、行動力（行為文化）和形象力（物質文化）四個維度具體分析了影響企業軟實力的各種因素。

李春豔等認為企業軟實力形成的關鍵因素在於企業硬實力、利益相關者、企業創新力、企業家修為等。

郝鴻毅認為企業文化力、社會責任力、品牌商譽力、企業創新力和集成整合力是影響企業軟實力的主要因素。

於朝暉等從企業公關戰略的角度，將企業軟實力歸結於形象影響力、資源整合力、文化制導力和環境應變力。

郭德等以國家軟實力理論的研究為基礎，結合企業競爭力理論，從企業形象、企業文化、創新能力、管理能力和公共關係五個方面來評價企業的軟實力。

朱琳認為軟實力包含學習力、思考力、創新力、策劃力、執行力、管控力、親和力、感染力8種力量。

孫海剛認為內部軟實力（文化力、技術創新力、治理管理力、員工發展力）和外部軟實力（社會責任力、品牌影響力、產業引領力）構成了企業的軟實力體系。

羅高峰從企業價值認同的角度，認為企業軟實力包括企業理念形成階段的塑造能力、傳播階段的聲譽影響力、認同階段的價值滿足能力。

總之，大部分學者都認同了資源及其整合、策略與執行、企業文化、學習與創新、社會責任和企業形象、企業家精神等是企業軟實力的主要外在主要表現形式與外在張力。

1.2.3 企業軟實力的培育

王超等認為包容性發展理念為企業軟實力構建提出了明確

的方向：一是企業在追求經濟利益最大化的同時，要注意給內部所有員工創造均等的發展機會；二是以人為本，重視員工個人發展的合理需求；三是基於企業公正和完善制度的寬容企業家精神，構建企業文化，營造良好的企業內部環境。

黃國群認為中國企業已經進入理念創新階段，企業軟實力所強調的合法性、吸引力、價值認同、偏好構建能力等，無不和企業理念有關係。因此，構建與創新企業理念是發展企業軟實力的關鍵。

劉亞軍認為領導垂範、頂層設計、全員參與、堅持培育的持久性是培育企業軟實力的重要環節。

郭永新認為品牌的價值是企業軟實力體系的一個組成部分，或者說是軟實力的綜合體現，除生產之外，設計、營銷、服務等更是重要的價值來源。除了傳統標準與質量管理、專利與知識產權管理、企業文化與創意設計管理等眾多內容之外，與時俱進、順應潮流、勇於創新，是軟實力建設的關鍵所在。因此，品牌、創新是企業軟實力培育的重要方向。

楊莉認為提升企業軟實力，除關注企業軟實力的構成要素之外，還需要組織和管理好這些構成要素之間的關係，關注企業內外部之間的關係，即企業軟實力的「軟部」。從「軟部」考慮，任何一個企業軟實力的構成要素總是有限的，因此企業不僅要擁有這些軟實力的構成要素，還需具備組織和管理軟實力構成要素的能力與充分利用外部資源的能力，使社會資源能更多更好地為提升企業軟實力而服務。

徐世偉從權利和義務兩方面，提出提升企業軟實力的舉措。在權利軟實力方面，政府可以採取一系列措施，比如放寬市場准入條件，擴大民營企業投資領域；創新金融服務，建立中小企業信用擔保體系，拓寬民營企業貸款融資渠道；加強財政支持，設立民營經濟發展專項資金並保證這些資金的及時到位；降低

民營企業的稅費負擔，制定切實可行的稅收優惠政策等加大對民營企業的扶持力度，破除妨礙民營經濟發展的體制機制。在義務軟實力方面，政府應該加強立法監管，督促民營企業依法、合規、有序經營和管理。社會公眾也應該加強對民營企業公民行為的監督，使企業把社會責任與企業的商業營運有機地結合起來。從企業自身來講，要將人力資源管理提高到企業的戰略層面，把激勵員工智慧作為提升軟實力的重要步驟，要通過各種優惠的措施、豐厚的福利待遇、快捷的晉升途徑、良性的競爭環境來吸引並留住企業需要的人才。企業也要不斷地學習和創新，加強對員工的思想觀念、時代意識、科學素質的培養、更新和昇華，塑造學習型組織，推進各類創新。

張其仔通過對企業社會資本與企業軟實力的關係的研究得出結論：企業社會資本是企業軟實力作用的基礎，企業社會資本與企業軟實力產生作用的根本在於信任和互動。因此，可以通過社會資本的累積來提升企業軟實力。

姜萬勇等根據企業硬實力與企業軟實力的關係，企業軟實力的耗散結構特徵，企業系統與社會系統的邏輯關係，計劃管理、信息管理、績效考核對企業軟力系統建設的作用機理和核心要素矩陣表，構建出基於系統的企業軟實力建設框架體系結構。根據這一模型，企業軟實力的指標庫建立后，根據長期、中期、短期提升目標，納入到計劃管理過程中，形成公司級、部門級、員工級計劃，再進行年、季、月、周、天及崗位的分解，同時通過建立企業的績效考核體系和信息傳遞渠道，形成對企業軟實力建設的邏輯控制，通過計劃管理、信息反饋機制和績效管理的綜合控製作用，引導企業軟實力要素指標矩陣向著不斷提升企業軟實力系統負熵水平的方向發展，使企業軟實力不斷增強。

沈澤宏總結發現提升企業軟實力主要從四個方面入手：成

為技術和創新的領導者；建立獨具魅力的管理和領導體制；成為有責任感和影響力的企業公民；抓住消費者在物質上和精神上的渴望，同全世界的顧客建立感情，讓他們渴望擁有企業的產品。

　　北京交通大學經濟管理學院企業文化研究所所長黎群在2015年新常態下企業軟實力建設研討會上發言指出，在中國經濟新常態下，產業轉型帶來的企業總體戰略轉型、創新驅動帶來的經營單位戰略轉型以及職能戰略轉型，伴隨戰略轉型的企業文化創新與變革。還有大量的研究者也從企業文化的角度，認為構建特色企業文化，如領導力文化、服務文化、曲線文化、尺子文化、知行合一文化、品牌文化、團隊學習文化、以人為本文化、廉潔文化、績效文化、傳統文化融合等，是培育企業軟實力的核心。因此，企業文化變革與創新是企業軟實力不竭的源泉。

　　上述研究與觀點主要分為兩大類：第一類為探索企業軟實力的起源，從企業精神、價值觀、企業文化建設、學習能力與學習型組織建設、服務與創新的本能、企業社會責任等，挖掘一些深層次的原因，追根索源，從本源方面來培育企業軟實力；第二類從企業軟實力的一些外在表現，如企業形象、企業品牌、企業產品、企業流程與效率、企業戰略與執行、領導行為與能力等來進行分項建設，這些既是企業軟實力的組成部分，也是企業軟實力的建設部分，更是它的外在表現部分，它們與企業軟實力的關係就如雞與蛋的關係，互為因果。

1.3 企業軟實力的文化動力基因

1.3.1 文化動力的本質

從前面的研究可以發現，企業軟實力與企業文化、價值觀、精神等密不可分。國家軟實力的一個重要表現是其文化吸引力，它們互為因果、互相促進。企業軟實力與其企業文化的影響力同樣也互為因果、互相提升。因此，研究企業軟實力，不妨先分析其文化動力基因。

關於文化動力，有許多不同的提法，如文化力、文化生產力、文化國力等。有研究者認為文化力是指一定的文化傳統、文化模式在經濟、社會中表現出來的影響力，即主體出於追求自身全面發展，在創造文明與文化價值過程中整合、顯化出來的力量以及不同種類的文化在參與、協同生產力提高，促進經濟發展、社會進步過程中轉化而來的力量。

有人提出了文化生產力的定義，認為文化也是一種生產力，是以文化信息為核心的智能生產力，是在高度社會文明的基礎上發展起來的，體現和包含了充分的物質文化和精神文化，是作為合力的現實意義上的生產力的一個分力、一個要素，是文化滲透並融入經濟、政治、社會而形成的力量，它日益取代傳統的經濟、政治、文化在社會整體發展中的地位，從而成為推動社會前進和發展的主要動力。

有人提出了文化國力的說法，認為文化國力是指綜合國力中的文化力，是一種軟國力，相對於綜合國力中的經濟力和政治力，體現著一個國家或地區文化發展狀況和建設成果，蘊含著推動經濟和社會發展的精神力量和智力因素。

張海燕認為文化動力是指人的精神領域的活動及其成果對人的活動和社會的發展所具有的向前的推動力量，這種推動力量是一種精神力量，主要包括個人的理想、信念、情感、意志以及社會的教育、科學、技術、風俗、習慣等精神因素對經濟、社會和人的發展和進步所具有的推動力量。

因此，文化動力是指文化對社會發展的推動作用，文化動力觀就是對這種推動作用的認識，文化動力中所包含的文化包括物質文化、科學與技術文化、精神文化、傳統與慣例文化、突破與範式文化、道德與責任文化等。文化動力是推動社會發展的動力源泉。

1.3.2 社會發展的文化動力

馬克思主義者歷來重視文化對社會發展的推動作用。在《共產黨宣言》中，馬克思和恩格斯就從科學技術引起生產力發展的歷史中，引申出「兩個必然」的結論。馬克思多次指出科學是歷史發展的推動力量，並在《資本論》中提出了科學技術直接轉化為生產力的觀點。列寧對文化動力的分析是獨到的，他把文化革命看成發展生產力、創造比資本主義更高的勞動生產率的重要手段。他認為只要實現了這個文化革命，我們的國家就能成為完全社會主義的國家了。

毛澤東認為一定的文化，當作觀念的文化是一定社會的政治和經濟的反應，又給予偉大影響和作用於一定社會的政治和經濟。他特別強調新民主主義文化在社會發展中的地位與作用。鄧小平的文化動力觀是對馬克思主義文化動力思想的繼承和發展，他認為文化是社會主義現代化建設的精神動力和智力支持，科學技術對生產力的推動作用、知識分子的載體作用、教育事業的發展對社會發展的積極作用等方面揭示了文化對社會發展的動力功能。他把文化作為綜合國力的重要標誌。

因此，文化建設與發展可以通過提高全民族的科學技術和文化知識水平，增強人們認識世界和改造世界的能力，來促進社會主義物質文明的穩定和持續發展。文化建設還能保證社會的發展方向，預防思想道德失範而導致的或者是喪失經濟發展方向，或者是偏離社會主義方向。

那麼誰來擔負起把科學技術轉化為生產力的使命呢？通過什麼把科學技術轉化為現實的生產力呢？根據鄧小平的觀點，在當代中國，知識分子除了傳承文明、溝通未來以外，還擔負著更為崇高的歷史使命。知識分子是先進思想的傳播者，是科學技術的開拓者，是「四有」新人的培育者。傳播文化需要知識分子，經濟發展離不開管理人才，社會的發展在很大程度上取決於人和人的文化。

中華民族是有悠久歷史和優秀文化傳統的民族，愛國主義和民族意識是祖國傳統文化中最優秀的內容。民族精神是數千年中華民族的優秀文化積澱，在凝聚民族力量中發揮重要的作用，是調動各種積極因素振興中華民族的重要方面，是維繫民族凝聚力和向心力的紐帶。民族精神中的共同理想信念是把人們團結起來爭取勝利的精神動力，集中了工人、農民、知識分子和其他勞動者、愛國者的利益和願望，是保證全體人民在政治上、道義上和精神上團結一致，克服各種困難的強大精神武器。

然而，中國目前的文化發展還不能適應文化全球化的挑戰。我們知道文化全球化的一個重要的特徵是文化的動態流動。就是說，不同的文化接觸後，先進的一方必然影響落後的一方，落後的一方必然受先進的一方的影響，這種現象，好像水之趨下，不可逆轉，故稱為文化勢差。很明顯，當今世界，經濟發展嚴重不平衡，強弱、貧富差別極大，反應到文化領域，必然形成強勢文化和弱勢文化。中國現代化進程中，「西強我弱」的

格局在較長時期內不會改變，文化勢差必將對中國各個領域帶來巨大的衝擊，西方思想文化和意識形態的滲透將進一步加劇。

經濟關係不是單純表現為經濟屬性，經濟關係也是一種社會關係，還包含著各種價值觀、道德倫理原則等。文化作為一種價值觀，不僅能對生產實踐產生影響，更能影響人們的生活方式、消費方式。價值觀、倫理道德等文化的力量雖然沒有經濟力量那樣具有直接性，但是却能夠為社會實踐、社會發展提供最具可持續性的驅動力量。文化作為可持續利用的資源，是國家經濟、社會發展的永遠不會枯竭的動力。

1.3.3 企業發展的文化動力

研究者普遍認同的一種說法就是「世界各國在19世紀進行的是生產力的較量，20世紀進行的是制度的較量，而21世紀進行的却是文化的較量」。例如，美國目前控制了世界75%的電視節目和60%以上的廣播節目的生產和製作。美國好萊塢生產的電影產品，只占世界電影產量的6%，但在世界電影市場的總體佔有率却達到85%。麥當勞、肯德基、可口可樂、迪士尼等，風靡世界，它們不僅為美國帶來豐厚的商業利潤，而且成為美國文化的符號，到處宣傳著經過精心美化的美國國家形象，到處推銷著美國的生活方式和價值觀，同時也在消解著別國的民族文化和民族精神。這就是文化與經濟和政治的相互交融，文化轉化為生產力，成為生產核心競爭要素的範例。在國內乳製品市場，蒙牛與伊利通過「超級女聲」「航天工程」等全民娛樂事件、國民凝聚力工程項目，傳播健康文化，成為國內乳製品企業的翹楚，傲視群雄。

文化的動力功能從文化與經濟、政治、社會發展的相互作用中體現出來：一方面，文化的經濟意義日益突出，比如近20年文化產業在世界範圍的迅速發展，在一些發達國家已經成為

國民經濟重要的支柱產業，這標誌著整體上作為軟實力的文化正在部分地向著硬實力轉化。另一方面，文化與政治相互交融，形成文化、經濟、政治一體化的特點，是軟實力與硬實力的相互結合。這在跨國企業的產品、品牌、消費文化不斷向其他國家與地區滲透，可以得到證明。跨國公司產品與服務在國際的流動，表面上看是物質的流動，實質上是文化的滲透。

不可否認的是，企業發展最強的、最原始的動力當然是追求經濟效益的動力。但是，企業的行為是社會性的，企業的生命線是指保證企業生存和發展的最根本因素。我們不應忽略企業發展內在的文化因素對於企業發展和創新型經濟發展的內生的、可持續的動力作用。企業的規章制度和企業擁有的資金和設備的數量都很重要，但現代經濟活動充分調動了企業的各種資源，企業使命的本質也在逐漸迴歸到在努力和競爭中感悟人生價值。在發展的企業經營中，企業最終會形成巨大的凝聚力、感召力和戰鬥力，這「三力」靠的就是企業的文化經營思想。諸如企業的生產經營環境，企業的經營管理哲學、經營風格，群體內部互相溝通的方式，相互制約的規範，企業員工共同的價值觀念、歷史傳統、生活習慣、辦事準則等，體現了企業的一種精神，這是一種文化的力量。

縱觀中外企業的發展歷程，我們不難發現部分企業取得了長盛不衰的持續成功，而更多的企業卻是曇花一現。從歷史的視角分析，企業只有建立在持續基礎上的成功才是真正意義上的成功。因此，持續是諸多已經成為百年老店的全球著名企業的成功基石，更是眾多立志成為百年老店的中國企業堅定不移的追求。在持續的意義上，企業文化動力是決定企業生命力的根本要素，企業文化是實現企業可持續發展的核心動力。無數中外企業的管理實踐表明，取得持續成功的企業具有熔鑄於企業生命體內的文化動力。缺乏文化動力的企業沒有自己的生存

根基，缺乏文化動力的企業不可能成長為優秀的企業，缺乏文化動力的企業不可能實現百年持續和基業長青。

一方面，文化基因是成就企業百年基業的核心元素。企業的生存發展從根本意義上取決於「道」和「術」兩個層面。企業基於「術」的層面上的成功能迅速完成創業期的高速成長，贏得相比競爭對手的比較優勢，取得生命週期中的階段性的輝煌和勝利。然而，企業的可持續發展最終取決於「道」的層面，而非「術」的層面，這是國內很多曾經相當輝煌的企業轉瞬成為流星的根本原因所在。「道」的層面上的成功本質上是文化意義上的成功。另一方面，創新、變革是所有要實現基業長青的企業面臨的永恆主題。優秀的企業並不是永遠一帆風順地發展的，而恰恰是在戰勝無數困難、挫折和失敗的過程中，培養和造就了以文化為內核的組織創新、機制創新和變革能力，成為推動企業持續發展和成功的內在核心競爭優勢。

因此，企業成功與持續發展的背後，有一種無形的力量，它像空氣一樣，你擺脫不了，也看不見、摸不著，但你會始終感覺到它的存在，這就是企業文化。從全球企業的實際來看，文化一定是企業在競爭中創造輝煌的決定性力量，一個不能從文化上思考問題的企業，是沒有希望的企業。只有當企業的持續發展具有源源不斷的文化動力時，企業才有可能成為常青樹。

1.3.4 企業文化動力與社會文化動力的融合：軟實力的內核

關於文化的理解不同，就會有不同的文化動力觀點及其融合。一般認為，對於文化的理解有以下四種基本觀點：一是綜合總體論，認為文化是人類創造的物質、精神成果的集合，包括人類所創造的一切物質，如建築、工程、機器、工具、生活用品等，也包括文字、語言、習俗、傳統、禮儀、宗教、倫理、道德、追求等。二是精神文化論，將文化定義為精神現象、領

域的活動，包括知識、習俗、傳統、道德、藝術、規則與法律等。三是歷史傳承論，將文化理解為人類歷史沉澱下來的傳統、物質與非物質的財產。四是生存方式論，如認為文化是歷史凝結成的，在特定時代、特定地域、特定民族或者人群占主導地位的生存方式，提示了文化發展的歷史價值與現實意義。

事實上，上述觀點並不是完全割裂的，而是相互融合、相互補充的，因為文化並不是一成不變的，它始終處於一個動態、發展的過程中，它本身有一個揚棄的過程。毛澤東曾經說過，去其糟粕，留其精華，是對文化傳承最客觀的觀點。因此，文化作為社會運行和發展的內在圖式和機制，規定了經濟、政治、法律、道德等具體社會活動的模式與方向。例如，歐洲經歷了文藝復興、工業革命，隨后帶來了社會的巨大變革；而在同時期，東方的中國與印度卻同時步入了文化衰退以及經濟、社會發展的舉步不前。進入20世紀後半期後，中國開始解放思想，同時也解放了生產力。最近40年，中國社會、經濟與文化同步發展。

因此，深入挖掘文化自身的動力機制，不僅是基於對文化哲學的理論豐富，而且是對人類發展、社會進步、經濟持續健康發展、文化不斷融合與創新的深刻領會。根據顧成林的研究，文化動力包括四種基本來源：人類對價值的追求是文化產生與發展的原動力，實踐活動是文化發展的根本動力，自覺性與自在性的張力是文化發展的內在動力，交流與衝突是文化發展的外在動力。上述四種動力構成了一個相互促進、相互融合的統一的社會文化動力機制。

作為人類社會實踐活動（包括生產活動與生活活動）的組織者、要素提供者、資源消耗者——企業，是社會經濟生活的基本單位，一方面，具有自身不斷的價值追求，包括不斷創造出滿足人們需要的物質、精神產品，同時不斷獲取市場上已經

存在的資源，轉換為新的社會資源；另一方面，在與市場中其他經濟單位、個體的資源交換、信息傳遞等過程中，相互交流，甚至產生衝突，使企業文化發展的原動力與外在動力有機結合。

企業是一個經濟組織，在社會生產活動中，體現了組織的目標性與主體性。目標性在於企業成員有共同的目標，在滿足某一社會成員群體的某一方面的服務需要的同時，獲取一定的利益回報。主體性是指企業天然是一個影響者，它在市場競爭中需要去影響消費者的價值判斷，去影響消費者的現實需求選擇與潛在需求創造，去影響消費者的文化需要等。主體性體現為人類的活動要依賴於自然，這是實踐活動的自在性；同時，主體性體現為對自然的超越，這是實踐活動的自覺性。在社會化的大生產活動中，個人的力量相比於組織已經越來越弱小，尤其是企業組織的社會活動能量，已經超越了政府邊界，各種跨地域、跨國際的企業紛紛出現，表面上看這是市場競爭的結果，實質上是企業文化發展的內在驅動使然。

因此，企業作為社會實踐的重要組織者、踐行者，本身就成為社會文化動力的一部分。同時，在企業的內部，由於本身的價值目標不斷修正，其生產活動無時無刻不對社會產生影響，包括正向的影響、雙向的衝突與融合。一方面，企業文化動力是社會文化動力的一部分；另一方面，企業文化動力本身也是一個獨立的子系統，有其內在的動力機制。這種動力機制的形成過程，實質上就是企業軟實力的形成過程。換句話說，這就是企業文化動力與社會文化動力的融合。實質上，企業在內部不斷修正、提煉、實踐共同價值觀，在外部不斷提高其社會影響力（交流、衝突、融合），就是企業軟實力的形成過程。因此，企業文化動力與社會文化動力的融合是企業軟實力的內核。

1.4 企業軟實力的演化形態與階段

企業軟實力的概念是最近 20 年涉及的對於企業發展的新的看法、觀點，本身也是社會文化、市場競爭文化的一部分。它的出現有其歷史必然性，是社會經濟、企業競爭與發展到一定階段的產物。它既是企業對於自身價值觀範疇的不斷擴大的過程，也是企業性質、價值不斷發現的過程；既是企業價值觀內部凝聚的過程，也是企業精神不斷向外擴散的過程。企業軟實力的發展依次經歷了企業文化、企業社會責任、企業家精神、企業影響力等過程，企業軟實力是上述概念與實踐的高級形態（如圖 1.3 所示）。

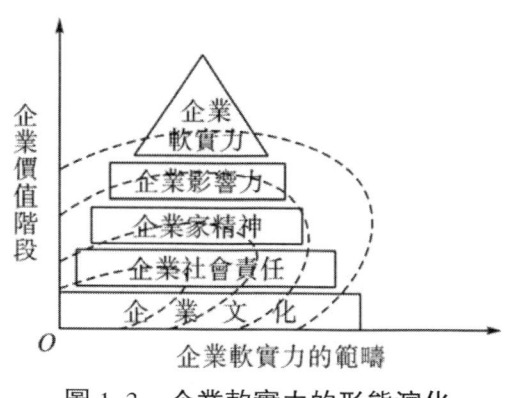

圖 1.3　企業軟實力的形態演化

1.4.1　企業文化

企業對於自身價值的第一階段認識，首先來自於企業文化。企業文化是企業在長期的市場實踐中形成的，為企業全體成員共同遵守的企業目標與使命、行為規範、傳統與習慣。學界對於企業文化的關注，最早始於 100 多年前的科學管理時代。管

理學的創始人泰勒曾經提出管理的8條觀點，其中之一就是「改變心智，勞資雙方合作」，強調資本家與工人一起想辦法提高效率，共同擴大利潤，一起分享利潤擴大的部分。這實際上就是企業目標的凝練過程，將效率根植於每一位員工的心中，通過未來效率提高的分享，來規範員工的行為一致性，這是早期的共同文化的塑造典範。后來在20世紀30年代，梅奧提出了非正式組織，認為企業中非正式組織存在共同的價值觀與行為，對成員具有一定的約束力，對員工行為存在導向作用。

到了20世紀60年代以后，日本企業普遍遵循全面質量管理，尤其是員工自發形成的QC（質量控制）小組，應用PDCA（計劃、實施、檢查、處理）循環不斷改進質量，成為許多企業的文化精髓之一，也成為日本企業以質量為突破口形成享譽國際的競爭力的重要基礎。與此相對應地，歐洲的德國企業以「工匠精神」為民族企業的文化內核，堅持「工匠精神」的企業，依靠信念、信仰，產品不斷改進、不斷完善，最終通過高標準要求歷練之後，成為眾多用戶的驕傲。無論成功與否，這個過程中他們的精神是完完全全地享受，既是脫俗的，也是正面積極的。「工匠精神」的核心內容包括精益求精、嚴謹與一絲不苟、耐心與專注、專業與敬業。因此，德國企業的產品給消費者留下了精良的印象。

因此，當日本企業、德國企業在20世紀80年代紛紛崛起之際，以個人英雄主義為文化內核的美國企業及管理學界紛紛研究德、日企業成功的秘訣。他們發現，德、日企業的技術、設備並沒有比美國企業先進，甚至還稍遜一籌，但是他們的生產成本更低、效率更高、質量更優，產品更受消費者喜愛，隱藏在這些表象後面的是人的不同，進一步研究發現，是人聚集在一起產生的文化不同。這些被當時的研究者提到相對於技術、設備的「硬」資本的「軟」能力，實際上是企業軟實力最初的

提法。企業文化的激勵、約束、凝聚、導向、輻射等功能，對於企業提高內部的凝聚力、向心力發揮了重要的作用。而對內的凝聚力是企業軟實力的基本部分。

20世紀90年代出現的學習型組織將企業文化的功能進一步擴大，該理論提供的建立願景、團隊學習、自我超越、改變心智、系統思考，將企業的學習能力、創新能力與企業文化結合起來，將學習力、創新力、文化力視同企業軟實力。到了21世紀，關於企業文化的研究、建設始終方興未艾，是任何一家企業從創立開始就不得不思考的問題。可以這樣說，21世紀的企業競爭，沒有文化的企業是走不遠、活不久、長不大的。企業文化是企業軟實力的根本，一切軟實力都是在企業文化的基礎上發展起來的。

1.4.2 企業社會責任

20世紀50年代，鮑文出版了《商人的社會責任》，提出了商人應該為社會承擔什麼責任的問題，開啟了企業社會責任的研究。20世紀60年代，企業引起的社會問題日益嚴重，學術界開始深入研究企業社會責任問題。人們發現，企業具有雙重屬性，即經濟性、社會性。對於經濟性，社會面臨著大公司出現而帶來的嚴峻的人文與社會問題，這些問題的出現與企業的不當行為有著很大的關係，因此企業在逐利的同時，應該主動解決這些問題，為自己的生存與發展創造良好的環境基礎。對於社會性，企業作為一個經濟實體，在生存與發展過程中佔有、消耗、處置了大量社會資源，包括人、財、物等，其產品與服務又必須回饋社會系統，因此在損害了其他利益相關者的利益的同時，其股東利益最大化的觀點是難以站住腳的，也是會被市場所拋棄。因為企業利益相關者在社會系統中享有不同類型的權利，這些權利有可能因為企業的不當行為而受到損害，

所以企業必須承擔社會責任。

　　因此，基於以下幾個方面的考量，企業必須履行社會責任：第一，企業為了自己的長期利益應向社會負責，因為社會出現的許多問題與企業自身的事務有一定的聯繫，企業應該為解決這些問題發揮自己應有的作用。第二，現代社會對於企業職能的理解，已經由單純的經濟使命向兼顧社會使命轉變，企業應該調整自己的角色，承擔社會責任，否則可能會危及自己的合法性。第三，企業承擔社會責任可以獲得廣大利益相關者的支持，從社會獲取更多的資源，從而提供更多的產品與服務，開發更大的市場與需求，獲取更多的、長遠的經濟利益，這是企業發展的良性循環。第四，企業擁有解決許多社會問題的專長、管理才能、資本，而且有些問題也只有企業才能解決。第五，企業承擔社會責任，可以避免可能出現的政府干預與管制，減少成本壓力。第六，企業有道德義務承擔社會責任，社會公眾普遍支持企業承擔社會責任。

　　因此，履行社會責任成為企業文化的精華部分，也成為企業文化發展的約束力量，只有當企業價值觀符合社會的道德規範，自覺地引領社會公眾識別、理解、踐行社會責任，才能獲得發展的持續動力。一個將社會責任納入企業價值觀的企業，對內可以增強企業凝聚力，員工會增強榮譽感與奮鬥的動力；對外可以塑造良好的企業形象，使利益相關者與公眾對企業價值產生認同感，形成企業發展的外部張力。進一步而言，負責任的企業將會把創新納入公司的持續發展軌道，只有不斷地創新，企業才能在成本、質量、效率等方面提供更好的服務與產品，滿足社會不斷增長的需求，並且自覺地改變經濟增長方式，確保環境的生態平衡，符合社會發展的趨勢與公眾的期望。

　　將企業社會責任納入企業價值觀的研究與實踐，實際上是企業文化的昇華，也是企業軟實力提升的必要路徑。經過對常

青樹公司的研究發現，自始至終對於企業社會責任深刻領悟並付諸實踐的企業，才能經受得起市場競爭的洗禮，在一波波市場風險的驚濤駭浪中不斷前進。因此，企業社會責任不是一種道德綁架，而是一種企業自覺、自發形成的軟實力。

1.4.3 企業家精神

企業家這一概念最早由法國經濟學家理查德·坎蒂隆在18世紀30年代提出，即企業家使經濟資源的效率由低轉高。企業家精神則是企業家的特殊技能（包括精神和技巧）的集合。或者說，企業家精神是指企業家組織建立和經營管理企業的綜合才能的表述方式，是一種重要而特殊的無形生產要素。

企業家精神包括以下一些基本要素。第一，創新。這是企業家精神的靈魂，一個企業最大的隱患不是沒有市場，而是創新精神的消失。第二，冒險。沒有甘冒風險與承擔失敗責任的能力與魄力，不可能成為企業家。第三，合作。企業家不是超人，而應該是「蜘蛛人」，需要有很強的結網意識與能力，將合作對內擴展到每位員工，對外擴展到所有現實、潛在的利益相關者。第四，敬業，即對事業忠誠。第五，學習，包括持續學習、全員學習、團隊學習、終身學習。第六，執著。資本家、勞動者均可以退出企業，企業家是唯一不可以、也不能夠退出企業的人，正所謂「鍥而舍之，朽木不折；鍥而不舍，金石可鏤」。只有執著才能生存。第七，誠信。這是企業家的立身之本，也是企業家的商譽。

企業是由各種資源集合而成的組織，其在運行過程中要體現各種資源的意志，而企業家又是企業意志的實踐者，因此企業家精神包含強烈的信託原則在內。企業家事實上是各種利益相關者的信託人，必須嚴肅對待各種利益相關者，利益相關者有理由對企業家提出諸如權利、誠信、創新、履行社會責任等

方面的期望。企業家精神已經成為企業文化、企業社會責任的集合版、濃縮版，是企業對內的凝聚力和對外的吸引力的集合體，是一個企業的社會宣言、標誌性形象與感知，是企業軟實力的內核。

1.4.4 企業影響力

近年來，如何成為有影響力的企業，成為企業家冥思苦想的難題。一部分企業家與和他們一起成長的企業，影響力日益擴大，成為國家經濟的典範，或者行業的翹楚，如國內知名通信企業華為、電器企業格力和美的。國際著名的跨國公司不斷在全球提高其影響力，企業的影響力甚至超越了國家，一些企業的收入與利潤也超過了一些國家。這些企業的產品與服務伴隨著其文化不斷滲透，全球消費者以追求、分享、體驗其文化為榮。

在2014年博鰲亞洲論壇年會上，以「亞洲的新未來：尋找和釋放新的發展動力」為主題，就是順應世界經濟發展大勢，在為探索亞洲經濟進一步增長、提升亞洲公司在全球影響力的戰略方向上做出的努力。年會的核心詞非常明確：影響力、新動力。為突破內外部困境，亞洲企業應重新審視自身的發展模式，逐步改變只求收入增長的單一道路，借鑑全球頂尖企業發展模式，在追求良好財務狀況的基礎上，持續在創新研發、品牌價值、全球佈局、社會責任四方面進行投入，實現企業系統轉型，推進新一輪發展，打造企業長期影響力。當前，少數亞洲領先企業已經開始順應發展趨勢，努力突破單一收入增長瓶頸，並在亞洲甚至全球範圍取得了成功。

創新研發是企業打造長期競爭力並實現差異化的核心驅動因素。在勞動力成本上升、利潤不斷被壓縮、發展陷入瓶頸的轉型階段，企業必須主動加大投入進行創新研發，累積未來影

響力的基礎。強勢品牌是企業展示自身價值與獲取客戶忠誠的紐帶。企業通過打造強勢品牌，傳遞自身價值，通過品牌與客戶進行情感與價值溝通，維護客戶關係，實現客戶忠誠。全球佈局是企業實現持續擴張並打造全球影響力的手段。企業的全球佈局直接影響到收益，是企業分散風險的手段，也是在為更廣泛的受眾提供服務，推動全球經濟發展。社會責任是企業融入社會並實現長久發展的保障。如今，企業被賦予了更多的意義，包括區域發展的支柱、區域文化的推動者、區域環境的維護者等。同時，企業也致力於促進區域發展，倡導優秀理念。企業為社會進步做出的貢獻將為公眾所認可，從而承擔更多社會責任，實現自身價值。

因此，企業影響力是對外吸引力的進一步延伸，是產生價值認同的滲透力，是企業各種要素結合在一起的無形資本，是企業軟實力的精華與實質。

綜上所述，企業文化是企業在長期實踐中形成的價值觀念、行為規範等的集合，是企業軟實力的源泉與根本。企業社會責任是企業文化的昇華與社會回應，是企業軟實力的濃縮。企業家精神是企業形成的特質，是企業承擔社會信託責任后果的表現形態，是企業軟實力的內核。企業影響力是企業依託各種載體影響社會公眾的信心與能力，是企業軟實力的實質。隨著企業對於自身價值的不斷發現，企業軟實力的範疇也相應擴大，企業對外形成的價值吸引、對內形成的凝聚力不斷增強。可以這樣說，經過市場循環的洗禮，企業不斷成長的過程，就是企業軟實力不斷增強的過程；反之，企業被市場淘汰的過程，可以反推企業文化、企業社會責任、企業家精神、企業影響力不斷喪失或者消亡的過程。因此，研究企業軟實力的演化形態，有助於我們正確認識企業軟實力，評價與塑造企業軟實力。

2 企業軟實力的根本:企業文化

2.1 企業文化的本質與影響因素

2.1.1 企業文化的本質

2.1.1.1 企業文化的涵義與形態

企業文化是經濟活動與文化活動的有機結合,是經濟活動的基本單位——企業在長期的經營活動中所形成的具有本單位特色的經營哲學與理念、價值觀念、行為規範與模式、工作習慣與傳統,是社會文化與企業的組織管理制度相結合的產物。具體來說,企業文化包括企業的生產經營之道,體現企業管理者與企業員工的價值觀念、思維方式、行為規範、禮儀習慣,凝聚企業全體員工的企業精神。企業文化分為物質、行為、制度、精神四個層次及其結合的內容。其中,企業文化的核心是企業的價值觀。

價值觀是屬於精神文化的範疇,馬克思認為,任何一種現象,首先從已有的現實出發,而現實又往往是各種思想和材料交鋒的結果;究其根本,又無不受一定思想和理論所影響。因

此，只有從理論上對事物和現象進行透澈的分析，才能為最終解決問題提供基本的精神和方法。從一個企業內部來講，技術與人文、局部與全局、眼前與長遠、個體與組織、成本與質量、支出與收益、股東與其他利益相關者都有一個平衡的問題。這種辯證平衡關係決定了精神文化在當代企業實踐中的價值必然更加突出。

從企業文化內容的同一化和形式的顯性化程度出發，可將各個企業的企業文化大致歸結為以下四種狀態：默契文化狀態、離散文化狀態、形式文化狀態和系統文化狀態。默契文化狀態：儘管沒有顯性化的表現形式，但由於群體之間有共同的經歷、共同的目標，並在合作中形成了共同的價值觀念和行為準則，因而相互之間默契程度高，合作愉快。一般在企業初創階段，創業群體間會形成這樣的企業文化狀態。

離散文化狀態：企業中不同的人有不同的做事方式、行為準則和價值取向，對同一個問題，常常存在不同的看法，企業還沒有明確的使命和未來的概念，企業文化的存在是隱性的和多元的。

形式文化狀態：有顯性化的表層文化和一定的行為規範，但由於缺乏對企業文化的系統梳理和深層挖掘，文化理念和行為準則僅僅停留於表面，更多的是一種包裝和形式。

系統文化狀態：經過對企業文化的系統挖掘，文化理念和行為準則都是發自內心且為群體所認同，表層文化也能和企業文化理念保持一致，企業言行一致、表裡如一。

2.1.1.2 企業文化的特徵

企業文化有自身發展的特徵和客觀規律。從企業文化的形成和發展過程來看，企業文化作為一種管理原理，可以超越國家和民族的界限，具有普遍性。但作為一種具體的管理實踐，企業文化因所處的經濟文化背景、企業性質和企業管理方式的

個體差異而呈現出不同的特徵。

　　一是企業文化具有獨特的民族性與地域性。任何一個企業組織的經營決策者和員工都是屬於不同民族和地域的，該組織也需要在特定的地域範圍內從事生產經營活動。不同的民族、地域的人們，他們的思維習慣、生活方式、價值觀念深受本民族傳統文化、本地區傳統習俗的影響，使企業文化必然帶有民族性、地域性、時代性。

　　二是企業文化具有自身發展的客觀規律。企業文化並不是孤立存在的，企業文化的形成過程與企業的經營過程是相互聯繫、相互影響的，企業文化的產生、存在和發展都是由社會文化發展和企業發展的客觀實際所決定的。只要是具有一定規模的企業，並想要長期發展的話，就要有正確的經營理念與指導思想，要有完備的產品質量管理、財務管理、經營銷售、科技開發體系等管理與營運體系，要有激發員工積極性和創造性的保障和激勵機制等。上述管理思想、制度、機制等的形成過程，與當時市場環境、企業資源、文化認識與定位、企業目標與使命等有密切聯繫，具有自身發展與完善的過程和規律。

　　三是企業文化具有鮮明的個性和差異性。不同的企業具有不同的成長經歷與生存、發展條件，而企業經營者的文化素質、性格特徵以及所面對的資源環境和產品服務對象的差異性，決定了企業文化的個性特色。甚至領導者的風格、氣質差異也會造成不同的企業文化。

　　四是企業文化具有長期性和穩定性。企業文化建設是通過制度的實施來達到員工技術、能力、行為、認識上的改變，並接受企業的經營理念，形成共同價值觀的過程。因此，企業文化的形成與發展是一個良性循環的過程，體現在企業中的是員工凝聚力的增強、產品知名度和企業效益的提高，企業文化始終處於動態的修正、適應過程之中。

五是企業文化是以人為本的人本文化。企業文化的著眼點在於人，是通過對人的價值的重視，以關心理解和尊重人的方式來調動員工的積極性和創造性，從而達到提高經濟效益的目的。因此，企業文化的建設離不開對人的思考，不但包括企業內部的員工，也包括對企業外的社會公眾、利益相關者的考量，出於對人性的不同假設、對人的不同看法，會產生不同的企業文化。

2.1.2 影響企業文化形成的因素

2.1.2.1 影響企業文化形成的外因

第一，社會文化。企業文化是社會文化的一種亞文化，根植於企業經營特定時空內的社會文化中，是社會文化的具體體現。社會文化主要包括民族文化和區域文化兩個部分。民族文化是幾千年沉澱下來的具有民族特色的民族價值觀、民族道德和其他行為準則。每一個民族都有自己的文化模式，民族的發展歷史、傳統觀念、價值觀念、語言行為等都是獨一無二的。區域文化是一種由觀念形態、物質形態以及制度形態等多種文化形態構成的複合體。不同區域有著特定的地理環境，地理環境作用於人的生產和生活方式，並通過生產和生活方式影響到人的氣質、習俗和價值觀念。長期在同一地理環境下生活的人們，因地理環境不同會自然而然地形成特有的地域文化。

第二，傳統文化。歷史證明，傳統文化貫穿於中華民族的發展歷史之中，有精華也有糟粕，而我們現在所說的傳統文化，應該是在歷史中形成的。「鑄造了過去，誕生了現在，孕育著未來的民族精神及其表現」，這種民族精神就是企業文化之根。因此，企業文化不是脫離傳統文化突然產生的，企業文化根植於傳統文化又超出傳統文化，融入現代企業組織，是在企業組織這個實體裡漸漸成型的。中國傳統文化博大精深、百花齊放，

如「以和為貴」「義以生利」「民生在勤」「天道酬勤」「民心向背」「仁、義、禮、智、信」「道法自然，無為而治」「學而不思則罔，思而不學則殆」等思想已深深植根於普通中國人的頭腦中，對企業員工的價值體系、行為準則等產生了深遠影響。因此，中國企業在進行企業文化建設時，必須結合與突出中國傳統文化與歐美國家傳統文化的差異，並著力體現自己的特色。

第三，產業特色。企業首先要分析自己所處產業的特性，並在企業文化中體現這些特性。目前，世界公認的四大產業為農業、製造業、服務業和創新產業或知識產業，這四大產業的特性有著非常明顯的差別。以製造業和創新產業為例，製造業以體力和技藝、機械加工能力和管理組合作為生產力的主體，大部分生產都是透明的、外在的，勞動強度和技術熟練程度都可以量化到每個人，科學與理性是管理的主要特性，產品主要滿足人們的物質生活需要。而創新產業的產業特性與製造業的產業特性迥然不同。創新產業主要以知識、智慧和思維方法合成生產力的主體，高素質的個人能力始終在團體能力之上，腦力勞動決定了創新的過程基本上都是在「黑箱」中進行的，勞動的強度、思維的速度和敏捷性都基本無法量化，只有到外化為具體的產品時，我們才能間接感受得到它的存在，產品主要滿足人們的精神需要。因此，製造業的企業需要塑造一種以「管」為主，強調服從、紀律、集體的嚴格的企業文化；與此形成鮮明對比的是創新產業的企業則需要塑造一種以「理」為主，以彈性工作制和人性化環境為依託，能夠充分顯示人的個性和創造力的企業文化。

第四，科技與教育水平。不同時代的科技與教育水平是不一樣的，總體來說，隨著時代的發展，科技與教育水平逐步提高，社會公眾的知識面、接觸的信息面、瞭解到的技術面等不斷擴大，對於人性、企業的使命層面等的理解不斷昇華，企業

文化體現了不同時代的特點。例如,在科學管理階段,企業文化往往體現為對效率的追求;在行為科學管理階段,企業文化往往強調領導與激勵的作用;在20世紀60~80年代,企業文化往往集中於對產品質量的改進與多功能的追求等。在國內,20世紀80年代,企業學習吉標化學工業公司的現場管理;20世紀90年代,企業學習海爾集團的質量管理,進入21世紀,企業學習華為、格力等的技術管理,之后又學習阿里巴巴、百度、騰訊的互聯網思維。這些特點都與當時的教育與科學水平是密不可分的。此外,商業環境的變化、經濟的開放程度對於企業文化的形成也有重要影響。

2.1.2.2 影響企業文化形成的內因

第一,企業家。不同的企業家有著不同的生活、工作、學習經歷,也有不同的性格、氣質,對於精神世界存在不同的追求,有不同的管理藝術風格,這往往是企業文化獨特性的來源之一。首先,企業的經營哲學、經營宗旨等關係企業文化核心內涵的問題從一開始就是由企業家的價值體系、知識、胸懷和情操決定的。其次,企業文化的內容、管理方法、演化進程與企業家的管理風格有著密切關係。處於同一產業的不同企業,由於企業家的不同,企業文化的價值觀、行為準則往往會存在比較大的差異。例如,通信行業的中興與華為、汽車行業的比亞迪與長城、電器行業的格力與海爾,存在不同的企業文化,很大程度上是由企業家的不同氣質與個性決定的。

第二,企業員工的素質或需求的改變。企業文化的核心是存在於企業之中的共同價值觀,因此企業文化的演變必然受到企業領導人和企業員工的價值觀的共同影響。一般來說,在企業發展過程中,員工的素質會不斷提高,企業員工的需求也會發生變化,並使得員工的值觀和追求隨之變化,因而這個影響因素常常以自然演化機制作用於企業文化的演化。同一企業,

如海爾，在20世紀80年代強調以質量取勝的企業文化，是針對當時的市場競爭情況以及企業管理的重心在生產製造環節、員工質量意識不強、員工素質普遍不高而提出的。到了2010年，海爾的員工素質發生了翻天覆地的變化，於是海爾現在開始建設創業、創客型的企業文化。

第三，企業的發展與歷史。企業的發展主要表現為企業規模的擴大和經營範圍的擴大。企業規模的擴大導致人員增多、企業組織結構變化。新人員的進入會帶來新的觀念，導致文化的多元化和變異的可能性。企業組織結構的變化，使得人與人的關係（責權關係、互動關係、團隊精神等）以及做事方式發生改變，因此引發企業行為變化。經營範圍的擴大（包括企業經營地域的擴大和企業經營行業的擴大）會帶來新的經營要求，從而導致原有文化的不適應。例如，在創業階段，領導者與員工同甘共苦，對於創業成功的憧憬成為共同目標與價值；而在創業成功階段，如何融合新老員工的價值衝突，處理好衝突文化成為現實的需要。

第四，重大事件。重大事件對於企業文化建設起到助推文化變革的「導火索」的作用。重大事件有兩種，一是與本企業有關的同時也與行業有關；二是只限於本企業的重大事件，如一家企業從有限責任公司變更為上市公司，公司治理必須符合上市公司的普遍要求與規範，公司經營管理必須適應信息公開、透明化的需要，員工的工作流程、行為規範等將發生重大變化，企業文化的變革在公司上市這一階段自然發生了。

除此之外，企業的管理制度的變革、工作流程的改進、某一階段工作的重點、新的高層領導的進入、應用了新的管理方法與手段等都會影響企業文化的變革。

2.2 企業文化與組織資本、組織能力

2.2.1 企業文化與組織資本

2.2.1.1 組織資本的內涵與性質

普雷斯科特和維斯切爾 20 世紀 80 年代最早提出組織資本概念，並從信息角度定義了組織資本，他們認為廠商擁有的員工個人信息、群體信息及其特有的人力資本就是廠商的組織資本。埃里克森和米克爾森認為組織資本是一種信息，而這種信息能夠協調企業生產經營活動。

湯姆把組織資本定義為一種體現在組織關係、組織成員以及組織信息的匯集上，具有改善組織功能屬性的人力資本，他以人力資本作為組織資本的研究視角。艾文松和韋斯特從知識的角度來研究組織資本，指出組織資本是指知識結合員工技能和物質資本，以製造和交付所需要的滿意產品的專門知識。埃克森等人也認為組織資本是在組織自身體現出來的，隨同產出品一起生產的企業特有的資本，即是產出的副產品，其實質是知識。斯特沃特從組織層面研究組織資本，他認為組織資本是指不依附於企業人力資本而存在的其他所有資本，代表了企業各種要素投入轉化為最終價值的能力，這種能力是企業所擁有的，即使組織成員離開，仍然留存於組織中的無形資產。

張鋼從人力資本的社會屬性出發，指出組織資本是對組織資源進行開發性投資所形成的可以帶來物質資本、人力資本與組織資本增值的資本形式。謝德仁通過分析企業的性質，指出組織的知識結構並非參與組織的個人知識的簡單加總，而是有機地互補與整合、學習與創新，其中包括創新出組織知識，形

成組織文化，進而創造出要素所有者個人所不具有的組織資本，伴隨組織資本而來的是組織資產。趙順龍、陳同揚認為組織將其成員的知識、技能和經驗轉化為組織資源或資產，從而為企業創造利潤這一現象便是組織資本。

從上述研究成果可以看出，組織資本與組織員工的個體和群體、組織信息、組織知識、組織活動以及上述要素合成的組織產出密切相關。因此，可以這樣理解，組織資本是組織成員在組織活動中所形成的知識網路與信息聯結，通過互補與整合，形成組織知識，促進組織資源與生產經營活動的協調，形成組織產出的中心環節與重要因素（如圖 2.1 所示）。

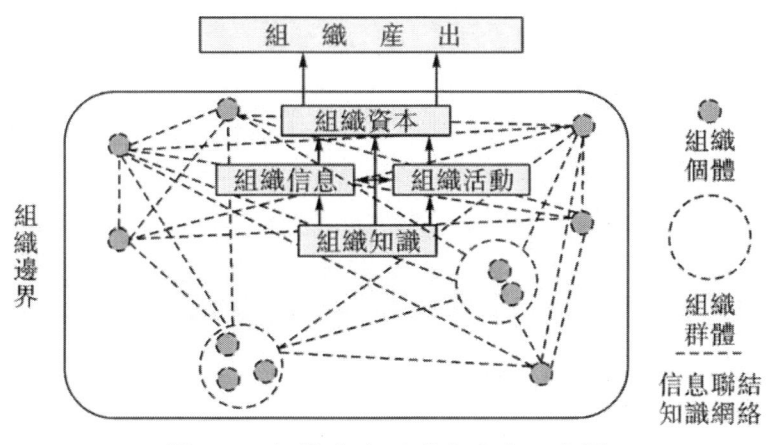

圖 2.1 組織資本形成與產出示意圖

組織資本具有以下不同於其他資本的特性：組織資本是一種不可辨認的無形資本；組織資本需要花費成本，但成本難以計量；組織資本不能為其他企業所複製，也難以在不同企業之間進行轉移；組織資本因其能夠創造價值而有價值，但其價值的存在需要以企業持續經營為前提，一旦企業清算，其價值將會消失殆盡。組織資本依託於組織成員所擁有的知識、技能和經驗，形式多樣，包括企業知識庫、標準、文檔資料等信息類組織資本，又包括產權與治理機構、組織流程、組織制度等流

程類組織資本，還包括價值觀、組織慣例、文化氛圍等文化類組織資本。這些組織資本一旦與組織其他資源結合，不僅能為企業創造利潤，而且還能為企業贏得競爭優勢。

2.2.1.2 企業文化的組織資本屬性

企業文化可以得到企業員工的內在認同，從而在生產經營實踐中形成新的共同價值觀和行為準則，並成為大家的自覺意識和自覺行為。這是組織成員共享知識、技能和經驗的前提條件。企業文化對於資源配置有導向作用，因此能夠協調企業組織資產或資源在組織結構中的有效配置。企業文化能夠與企業組織資本之間產生協同效應，並且使得被賦予企業文化內涵的組織慣例能夠在企業經營過程中也產生協同效應和互補效應。

如果以知識轉化為視角，組織資本可以分為信息類組織資本、流程類組織資本和文化類組織資本三種，而文化類組織資本又鑲嵌於組織信息、營運流程等之中。如果我們把企業文化與組織資本之間邏輯聯繫方式視為一種信息傳遞，那麼以信息傳遞為紐帶的隱性文化能促進企業的知識、技能和經驗被同時用於多個領域，從而導致企業組織資本協同效應的產生，使組織產出的效率更高、效果更為顯著。因此，企業文化實際上是組織資本的核心。企業文化與組織資本之間的聯繫更加密切，組織資本的形成離不開企業文化的影響和作用，企業文化也使得企業組織資本結構要素的內涵更加豐富。

2.2.1.3 基於組織文化的組織資本的形成路徑

企業文化能提高組織營運效率，這種效率是通過重新組合組織目前所擁有的知識，形成新的組織資本來實現的。從企業的角度來看，組織資本的增值主要通過以下路徑來實現：

第一，組織學習。建立在組織學習機制基礎上的管理創新機制是企業形成管理優勢的源泉。在組織學習中，每個成員對學習過程和結果都產生著重大的影響，但組織學習絕不是個體

學習的簡單加總。組織成員和組織之間的交互行為、組織與外部環境相互作用、組織文化的構建是組織學習的重要特徵。

從組織學習的方式看，組織學習主要有適應型學習、預見型學習和行動型學習等。適應型學習是指團隊或組織從經驗與反思中學習。當組織為實現某個特定目標而採取行動時，適應型學習的過程是從行動到結果，然后對結果進行評價，最後是反思與調整。預見型學習是指組織從預測未來各種可能發生的情境中學習。這種方式側重於識別未來發展的最佳機遇，並找到實現最佳結果的途徑。預見型學習是從先見之明，到反省，然后再落實到行動。行動型學習是從現實存在的問題入手，側重於獲取知識，並實際執行解決方案。行動型學習是一個通過評估和解決現實工作中存在的實際問題，更好、更快地學習的過程，即學習的過程就是解決工作難題的過程。學習型組織中的學習重視學習成果的持續轉化，學習的效果要體現在行為的改變上。因此，行動型學習就成為學習型組織創建過程中非常重要的學習類型和學習方法。

組織學習是一種文化現象，只有在良好的企業文化氛圍下，企業組織成員才有相互學習和交流的環境，企業的知識、技能和經驗也才能被大家共享。這樣一來，企業組織資本才能在企業生產經營活動過程中實現增值。

第二，流程改善。業務流程是企業為創造以及出售其產品和服務而從事的所有活動的總和。知識是流程中的一種客體，既可以是一種產品，也可以是一種資源，知識伴隨著業務流程中任務的執行而不斷地輸入和輸出。企業流程環境不僅指一般的業務流程，還包括知識流程。企業知識流程環境建設的目標就是通過業務流程重新設計，使被忽略的知識從業務流程中體現出來，並與業務流程加以有效地融合，形成企業知識管理的核心流程。

对业务流程中的知识进行共享之所以重要，主要是因为业务流程知识自身的特徵。一是经验特徵，即流程知识是流程制度化的结果。随着企业的发展，流程逐渐在实践中得到优化，最终形成一种规范化的操作程序，并以文件或软件的形式固化下来，形成一种制度。二是可执行特徵，即流程知识可用来培训员工、指导实践和影响流程改进。三是价值特徵，即流程知识能够为企业带来价值。企业的业务流程是一种在竞争中可以用来获得优势地位的专有知识，一旦这种知识被公开，就会使企业丧失竞争力，从而减少利润。

第三，文化变革与调整。企业业务拓展和人员更迭会削弱企业文化的力量，因此我们应关注企业在实施新战略，尤其是组织资本结构要素内涵在新战略实施过程中得到丰富时，企业文化需要进行及时变革与调整，保留并大力提倡促进企业经营业绩的文化，摒弃那些阻碍企业经营业绩的文化。文化变革与调整的主要方式如下：

一是制度变革，要总结过往的资本逻辑、劳动逻辑制度的优缺点，过渡到以知识逻辑为主的制度设计中来。企业经营决策权产生于知识所有者所提供的元素，即知识、技能和经验，他们与资本所有者共同分享企业经营决策权和最终经营成果。二是人员变革。从根本上讲，组织资本、组织文化都是依附於人的本性、知识、智慧、观念等，因此人员的调整会带来新的组织资本。企业文化具有的独特的协调性可使新的组织主导观念、日常观念融入组织成员的行为和精神以及价值观之中，使得因文化的协调性带来的协同效应能够促使企业文化类组织资本存量的增加。

2.2.2 企业文化与组织能力

企业是一个能力系统，其核心能力是企业所特有的能不断

創造利益而成為企業可持續競爭優勢之源的戰略資產。組織能力的進化就是指具有有限理性的企業組織在適應環境變化的過程中不斷提高其資源獲取、配置和利用的綜合能力，表現為企業成長中的一系列變化，並經選擇而產生的相對穩定結果。

納爾遜和溫特在演化經濟學的奠基之作《經濟變遷的演化理論》中，用慣例來表示企業組織演化中所形成的生產性知識和能力，它決定了企業本身在協調個人知識和組織合作方面比市場具有更高的效率，同時也產生了企業成長中的路徑依賴特徵。劉普照指出，企業能力基因形成於自我成功經驗的長期累積和對他人成功經驗的深入模仿兩個方面。企業理念構成組織能力基因的內部核心層面。企業的心理狀態從根本上講取決於其理念層面的基因。

根據項國鵬的觀點，組織核心能力具有知識屬性。企業核心能力是企業長期生產經營過程中形成的以知識為基本構成要素的實體性與過程性相統一的成長協調系統。企業核心能力包括核心知識競爭力和核心能動力兩個維度。核心知識競爭力是從知識實體性角度說明企業的技術、技能等具有獨特性與用戶價值性；核心能動力是從知識的過程性方面顯示企業轉移、交流共享知識而使其物化成能為顧客提供特定好處的產品或服務的效率。兩者協調匹配與否會影響企業核心能力作為企業可持續競爭優勢源泉的作用的發揮程度。

高效的企業文化將不斷豐富和擴大企業的視野與能力，並在知識上使企業能力不斷強化。企業文化不僅是一種知識增量，而且是一種智慧凝結。企業文化也是企業中群體經驗的累積，常常包括企業最初的領導人或第一批成員從自己的經驗中領悟到的東西，並逐漸融入更多成員的理性思考，最終沉澱為組織內共同遵循的原則，協調個人之間、部門之間、個人與企業之間的秩序。企業文化所形成的是群體的合力，企業文化是不能

簡單還原的，也不是可以簡單模仿的，這是組織文化的核心競爭力的來源。

企業能力的形成主要取決於企業員工知識的累積和技能的形成與發揮作用。這些都與企業中人的積極性和創造性有關。相對於企業物質激勵的作用來說，企業的精神激勵（如企業文化）的作用具有更大的作用以及持久性、難以模仿性。這是組織文化的核心能動力的來源。因此，強力的組織文化是引導員工行為的有力槓桿，是組織能力得以提升的關鍵，是說明人們在大多數情況下應該如何行動的一系列非正式的法規。強力的組織文化使人們對自己的工作較為滿意，因而會更加努力地工作。

2.3 企業文化對組織績效的影響

2.3.1 企業文化與組織績效的關係

組織績效又稱為組織的有效性，是指組織滿足顧客需求和實現組織目標活動中，在效率和效益上所表現出來的結果，是企業總體的表現，包含企業的經濟績效、成長績效、社會績效等。組織績效是企業經營管理者最為關注的問題之一，影響組織績效管理的因素有以下三個方面：

一是環境因素。環境因素包括企業外部環境與企業內部條件。這些環境因素會影響組織績效管理，會對組織績效的發展產生深遠的影響。

二是個人因素。個人因素包括員工的知識、技能、自我形象、社會性動機、特質、思維模式、心理定式以及思考、感知和行動的方式。這些都會直接影響到整個企業的績效，如果一

名員工在其擅長的崗位上工作，他的績效就會相應提高，反之就會下降。

三是組織結構化與非結構化因素。組織結構化與非結構化因素是指一個企業最基本的系統化準則，包括業務流程、協作方式、績效考核制度、企業行為規範類型和管理模式等。

組織的環境因素、個人因素、組織結構化與非結構化因素在某種程度上又是企業文化的核心要素。企業文化作為一種強大的內在驅動力，會對企業績效產生巨大影響。組織績效管理的制定要與企業文化相適應，企業文化對企業的長遠發展有著重要的影響。只有組織績效管理與企業文化相適應，才能規範企業員工的行為，使企業的發展進入一個正常的軌道。企業文化對組織績效的影響力可以從三個維度來發揮作用，分別是文化的方向性、文化的強度和文化的滲透性。文化的方向性是指文化影響組織運作方向的正確程度；文化的強度是指組織成員對文化信守的程度；文化的滲透性是指文化被組織成員所共有的程度。企業文化因為具有價值性、特有性、難以模仿性等特點，會通過人力資源管理系統、組織氛圍的反應、組織適應性以及組織聲望對組織績效做出貢獻。

大衛・H. 麥斯特爾（David H Maister）根據15個國家或地區的15種行業的統計調查發現，企業文化與財務績效顯著相關，最優秀的企業，成功的關鍵在於企業文化。也就是說，企業文化才是企業成長的關鍵。諾（Noe）、霍倫貝克（Hollenbeek）、格哈特（Gerhart）和瑞斯特（Wrisht）認為企業文化會影響員工能力發揮、員工行為及組織績效，如圖2.2影響組織績效因素模型所示。

有研究者（Arogyaswamy & Bylesl）將企業文化與組織績效的關係視為一種權變關係，並描繪出有關組織文化配適度，包括內部與外部的配適度，如圖2.3所示。其中，內部適配度代

表企業文化的凝聚力和一致性，而外部適配度則主張一致的信念或價值，不僅使戰略執行較為完善，而且將影響戰略的形成。

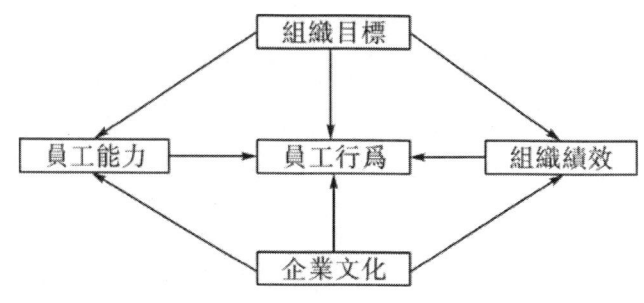

圖 2.2　影響組織績效因素模型

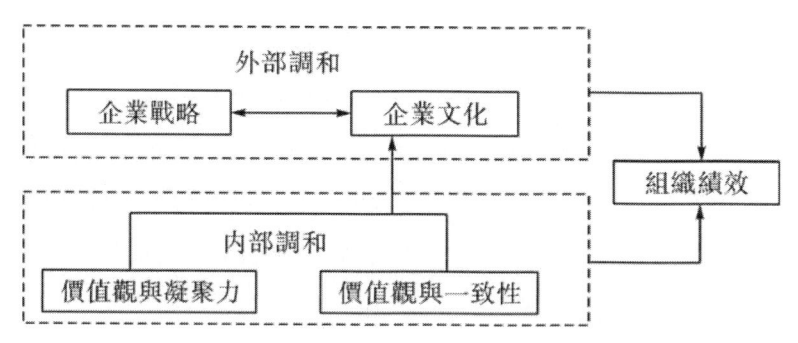

圖 2.3　企業文化內外部調和與組織績效的關係

2.3.2　企業文化與組織績效的匹配性

2.3.2.1　組織行為與企業文化的內外部匹配

雖然多數研究結果表明，良好的企業文化與組織績效具有顯著的正相關性，但是由於組織特徵的複雜性、組織環境的多變性、組織文化的動態平衡性等因素的影響，企業文化呈現不同的類型。有研究者認為，並不是組織文化促進了組織績效，而是組織文化的匹配性促進了組織績效的正向增長。因此，不同的組織績效目標，需要合適的企業文化適配。

組織文化能夠直接帶來組織績效提升嗎？先前的經驗性研究給

出了肯定的回答，為我們描述了組織文化—組織績效的影響路徑。但是管理實踐却給出了否定的答案，組織中，直接創造利潤和績效的是生產、銷售等業務部門，其他的功能單元，如組織文化、人力資源管理等並不能直接產生利潤和組織績效。更為合理的影響路徑是組織文化—組織行為—組織績效。以登申（Dension）的研究為例，他發現四個文化特性與經營業績有必然聯繫，即適應性（Adaptability）、參與性（Involvement）、使命（Mission）和一致性（Consistency）。而這四個文化特性顯然都是通過組織行為對組織績效產生影響的。這四個文化特性都必須與組織的環境、戰略、政策等相匹配，並在組織內部形成一致的認知，才能敦促積極的組織行為，進而帶來組織績效的提升。

組織文化的內部匹配性是這樣一種情形，當內部匹配實現時，組織內部不同崗位、不同級別的員工感知到的組織文化是沒有顯著差異的。考慮到不同的員工層次不同，組織文化內部匹配意味著員工感知到的文化正是高層領導者意圖傳達和創建的。只有如此，組織才真正實現了價值觀和思維繫統的統一。只有組織文化的內部匹配性實現時，符合績效導向的組織行為才會出現。如果組織文化的內部匹配度較低，這意味著必然有一部分員工的文化感知是錯誤的，而錯誤的文化感知將引致組織不認可、不需要、無效，甚至有害的組織行為產生，這對於組織而言是不利的。只有當組織文化呈現較高的內部匹配性時，全體組織成員才會對該表現什麼樣的行為有統一的認識，更大程度地激發全體組織成員的行為表現。

組織文化的外部匹配性是指組織文化與企業戰略的匹配性。當組織文化的外部匹配性較高時，組織文化能夠有效地支撐企業戰略的實現。組織文化是企業從過去成功的戰略實施和戰略實現中獲得的，然后組織文化決定了企業的下一步戰略選擇和戰略實現，戰略實現進而再次推進組織文化的進一步發展。由

此，組織文化和組織戰略進入了互相推進、互相發展的循環。

2.3.2.2 不同類型企業文化與組織的適應性

企業文化的類型有許多種，典型的分類將企業文化分為秩序型企業文化、創新型企業文化、市場型企業文化。不同的組織績效目標，產生不同的組織行為，需要相應的企業文化與之適應。

第一，秩序型企業文化與組織績效。秩序型企業文化是指企業的組織文化注重工作場所的規範整潔及工作方式的程序化。企業領導在等級型企業文化中擔當協調管理的角色，以便企業能夠和諧運作及發展。為實現企業的長遠、穩定、健康發展，減少未來發展中的不確定性，秩序型企業文化更加關注對企業各種規章制度的制定。對秩序型企業文化來講，其主要涉及的業務流程為生產經營活動、創新行為以及售后服務，在這些環節中往往也體現著企業的價值。同時，秩序型企業由於制度等級較為嚴格、業務流程較為穩定，因此該類企業的崗位基本是固定的。對於秩序型企業文化來講，其績效管理的目標是在提高內部流程速度的同時降低企業營運成本。

第二，創新型企業文化與組織績效。企業應重點關注未來的設計及發展方向。為提高未來的競爭優勢，企業要不斷創新思維、方法及產品，而組織績效管理的主要任務就是為企業創新服務。創新型企業給予員工個人充分的尊重，並且為員工創造了良好的學習及發展的機會，員工的主要工作方式是為項目研發隊伍服務，因此創新型企業績效管理的重點是注重團隊合作。創新型企業能否成長關鍵在於企業能否具有創新和不斷創造價值的能力。創新型企業學習與成長的能力主要來自於三個方面，即人力資源、系統運行能力和組織程序，對企業員工來講，就要求其不斷地學習新知識、獲取新技術、與時代的發展相適應。企業應注重完善信息系統，及時高效地獲取信息，同時注重設立激勵機制，以激發

員工的工作熱情。

第三，市場型企業文化與組織績效。市場型企業在運作過程中本身就可以形成一個市場。市場型企業主要關注的是外部市場環境，對內部管理的關注度相對較弱，注重與外部機構之間進行交易。市場型企業強調企業的競爭能力和生產能力，對外部環境的變化較為敏感。在市場型企業文化中，企業管理者對市場充滿敵意，並且以提防的眼光看待外部環境變化，只有提高自身的競爭優勢，企業才可以長期在市場中生存。因為市場型企業文化更加關注外部市場份額和競爭能力的提高，所以企業更多地關注對顧客和其他利益相關者的績效管理。

2.4 區域文化、民族文化與組織文化的融合

2.4.1 區域文化特徵與組織文化構建

2.4.1.1 區域文化對區域經濟競爭力的影響

現代區域之間的競爭，是不同地域範圍內區域間綜合實力的角逐，既是其資源、能源、技術、項目等硬實力的競爭，更是文化、生態、科技、形象等軟實力的競爭。其中，文化是一個區域經過千百年的積澱，在特定的區域裡一點一滴形成的，是當地所特有的，是一個區域的靈魂和內涵，是一個區域的品格和象徵。看一個區域有沒有吸引力、有沒有競爭力，其文化資源、文化氛圍、文化發展水平至關重要。

地理環境的巨大差異，各地政治、經濟發展的不平衡，政治、經濟、文化中心的不斷演變，各個文化群體流派的交流碰撞的深度、廣度、頻度的不同，以及各地長期以來獨特的不對稱的文化心理積澱，都直接或間接地造成不同區域內人們各有

千秋而又相對穩定的傳統習俗、風土人情、性格特色和心理特徵，也創造了豐富多彩、千差萬別的文化成果。經過長期的歷史積澱，某些地理區域出現了相似或相同的文化特質，其居民的語言、宗教信仰、藝術形式、生活習慣、道德觀念及心理、性格、行為等方面具有一致性，區域文化就這樣產生了。區域文化是區域內形成的思想意識的總和，是在歷史發展的過程中逐漸形成的，反應了一個地區特定的人文歷史境遇，也構成了這個地區基本的人文特色，與其他區域的文化相區別。

制度經濟學派認為，價值觀念、倫理道德習慣以及意識形態等被稱為文化的東西，是影響制度創新和經濟體制變革的重要因素。傳統文化從風俗習慣到觀念系統，從心理到意識，形成了對人際關係、價值取向、生活方式等的獨特看法；傳統文化所確認的行為規範、社會關係、思想觀念在人們心裡深深地扎下了根，已經成為人們的生活方式。任何制度中都包含著文化內涵，制度內涵從文化的角度有就是以自身的存在包含、象徵、實現著人的觀念及其所體現的人內心感悟的生存世界和意義。傳統文化所表現的習慣和風俗，在制度創新中主要體現在兩個方面：一方面是成為制度創新的新資源，把民間流行的風俗習慣演變為有效的制度；另一方面是成為制度創新的瓶頸，即屬於唯有改變方能建立新制度。一種制度只有與文化相容才能被接受和發展，進而發揮作用。

從技術創新的角度來看，優秀的區域文化有利於企業技術創新。優秀的區域文化能夠發揮創造能力和培育企業家精神。企業家是創新的主體，能決定創業企業經營的理念。許多具有潛在創業優勢資源的創業者在優秀區域文化的激勵下嘗試經營活動和在此激勵下不斷進行技術創新。同時，優秀的企業文化有利於形成和鼓勵創新的企業文化。創新文化決定著企業技術創新的價值取向，是企業技術創新動力機制得以形成和高效運

轉的環境，是現代企業技術創新活動的效率和效益的源泉。企業文化的形成一方面是企業內部成員在企業發展過程中不斷融合的過程，另一方面是區域文化的結果。

區域文化在企業文化形成過程中從以下幾個方面發揮作用：

第一，區域文化影響企業文化個性。企業文化是企業的價值理念、思維方式和行為規範，是企業的個性。一個企業的企業文化特徵，在很大程度上是一個地區人文特徵、商業特徵的縮影。區域文化觀念對區域內企業文化的培育、形成、發展都有無形影響。

第二，區域文化有利於企業員工對企業文化的認同。消費者的文化淵源決定著企業文化的認同。

第三，區域文化有助於企業規避文化風險。企業文化風險的產生源於不同文化之間的差異。就內部來看，文化風險主要是針對來自不同文化員工的管理風險，即由於不同文化導致的管理風格的差異以及由於不同文化的管理人員之間和員工之間不能建立起協調關係而帶來的管理失敗的風險。化解企業文化風險，需要文化整合。區域文化能有效建立文化認同，有效緩解文化衝突，消除文化差異。

2.4.1.2 典型區域文化形成的企業文化特色

中國傳統的區域文化按地理位置劃分，主要有潮汕文化、徽商文化、晉商文化、江浙文化、湖湘文化等。在特定區域內的企業文化，無一不打下當地區域文化的深深的烙印。

第一，潮汕文化。潮汕文化博大精深，其中有兩個方面的精髓。一是「精細」。農業的精耕細作、手工業的精雕細刻、商貿業的精心經營、飲食的精工製作，藝術的精益求精，無一不與精細有關。地少人多、激烈競爭，激發了潮汕人敢闖敢拼的品質，同時他們還學會了善於謀略、精打細算、精明細緻地經營事業。精而不奸使他們在異國他鄉的商業競爭中站穩腳跟、

事業成熟。二是「樂群」。潮汕人具有強大的凝聚力，他們樂觀、團結、與人為善，既能團結內部族群，又樂於與外部族群打交道。因為他們本身就是一個不斷遷徙的族群，與其他族群互相影響、碰撞、交匯、融合而發展壯大。潮汕文化同時又受到華僑文化的影響，煥發出獨特的僑鄉色彩。

　　第二，徽商文化。徽商發端於東晉，在明清時期達到鼎盛，以經營鹽、典當、茶木為主，是中國歷史上十大商幫之一，曾雄踞中國商界達300年之久，擁有「無徽不成鎮」的盛名。徽商文化的精髓主要體現在以下幾方面：一是「賈而好儒」的文化追求。其「曉詩書、通大義、好賢禮士、雅好藝事」的儒商形象，體現了徽商對高水平文化素養的一種追求，在此追求中不斷提高自身素質，完善自我，方能在商道中運籌帷幄，立於不敗之地。二是「以義取利」的誠信品格。徽商在經營活動中，堅守「財自道生，利緣義取」的信條，以儒術飾賈事，遵行「寧奉法而折閱，不飾智以求贏」的原則。徽商「以義取利」的誠信品格，守信用，重承諾，正是當今社會最為可貴的品質。三是百折不撓的進取精神。徽商的創業歷程可形象地稱為「徽駱駝」精神，「一賈不利再賈，再賈不利三賈，三賈不利猶未厭焉」，充分體現了徽商的這種創業文化。四是回報社會的感恩情懷。徽商在致富之后，往往不忘回報社會，積極捐資興辦社會公益事業，建義倉、修水利、築道路、興學校等。

　　第三，晉商文化。晉商曾經有過輝煌的歷史，在明清時期，他們是當時國內勢力最大的商幫，在國際貿易中也是實力雄厚的商業集團。他們經營的品種之繁多、商業資本之雄厚、活動區域之廣大、在商業界的影響之深遠，與猶太商人、威尼斯商人並稱為「世界三大商人」。中國傳統商人主要在儒家思想文化影響下從事商業活動，可稱作儒商，晉商則是儒商現象的典型形態。晉商文化及其精神主要有如下幾個方面：一是艱苦奮鬥

的創業精神。山西地處黃土高原，自然條件差，中國傳統文化的長期薰陶及客觀地理環境的影響，造就了晉商艱苦奮鬥、自強不息的創業精神。二是集群發展的抱團意識。晉商的集群發展是以利緣、地緣、神緣、親緣、業緣為紐帶而形成的抱團意識。三是開拓進取的創新精神。晉商在創業過程中，勇於開拓，不怕風險，有敢為天下先的創新精神。他們曾經擺脫地域和傳統觀念的束縛，棄農經商，背井離鄉，走出故里，闖關東、走西口、下江南、越戈壁，甚至到國外發展。四是「競合相間」的兼容策略。在競爭中合作，在合作中競爭；眼光敏銳，審時度勢；積極主動，適機而上；協調關係，增進友誼；既能與人寬容共處、和平共事，又能讓利經營、薄利取信。

第四，江浙文化。作為工業化時代一個社會群體所表現出來的特別適應市場化、工業化變革的精神素質，江浙文化實質上是一種具有極為廣泛的社會基礎的自主創新精神。在江浙人的性格中張揚著創新、開拓、不墨守成規的精神或文化因子。正是這些文化因子使浙江、江蘇成為制度、技術創新和經濟發展最活躍的地區之一。江浙文化核心內容如下：一是自強不息、堅韌不拔的創業精神。勇於創業、善於創業、不斷創業及創新創業是江浙商人的共同本質特徵。這種勇於創業的精神，支撐著他們對來自各方面挑戰和壓力都無所畏懼；這種善於創業的能力，也源於他們堅韌不拔的意志，在別人不願做、不敢做、做不到的事業中取得成功。二是勤於思考、靈活應變的競爭意識，強烈的經營謀利動機和敏銳的市場意識。這調動了江浙創業者大腦中的每一根神經，他們眼觀六路，耳聽八方，開動腦筋，勇於探索，挖空心思捕捉商機，絞盡腦汁尋找市場空當，乘勢而上。三是善於學習模仿和小中見大的務實精神。四是敢想敢幹、敢為人先的創新精神。

第五，湖湘文化。湖湘文化也是一種地域性的文化，來源

於兩種文化的融合。一種是南下的中原文化。在文化重心南移的大背景下，湖南成為以儒學文化為正統的省區，被學者稱為「瀟湘為洙泗、荊湖為鄒魯」；另一種是唐宋以前的本土文化，包括荊楚文化。這兩種文化分別影響著湖湘文化的兩個層面。在思想學術層面，中原的儒學是湖湘文化的來源；在社會心理層面，如湖湘的民風民俗，心理特徵等，則主要源於本土文化傳統。湖湘文化的精髓主要如下：一是心憂天下的精神，具有責任意識。從偉大的愛國主義詩人屈原，到變法圖強的譚嗣同，再到辛亥革命中的湖湘志士以及新民主主義革命時期毛澤東等無產階級革命家，瀟湘大地上一代又一代偉人先賢心憂天下、以天下興亡為己任、以救國圖強為理想的偉大精神凝聚成了湖湘文化的核心精髓。二是兼收並蓄的精神，具有開放意識。從明末清初思想家、哲學家王夫之率先打破當時占統治地位的程朱理學和陸王心學的思想禁錮，創立了具有唯物主義與辯證法思想光輝的哲學體系，到魏源提出「師夷長技以制夷」的新主張而成為近代中國對外開放思想的首創者，再到毛澤東率先將馬克思主義同中國革命具體實踐相結合，實現了馬克思主義中國化的第一次偉大飛躍，無不體現了這種文化精髓。三是敢為人先的精神，具有創新意識，具有鮮明的英雄主義色彩。湖湘文化中蘊藏著一種「海納百川，有容乃大」的博採眾家之長的開放精神與敢為天下先的獨立創新精神。四是經世致用。經世致用是傳統儒學的一種入世哲學，目的就是要改變社會動亂、禮崩樂壞的局面，恢復理想中的社會秩序。經世致用就是關注社會現實，面對社會矛盾，並用所學知識解決社會問題，以求達到國治民安的實效。

2.4.2 少數民族企業如何構建特色企業文化——以新疆地區少數民族企業為例

前面提到的典型區域文化主要分佈於中國的中東部地區，受到中國人口最多的民族——漢族的文化的影響，而分佈於其他區域的少數民族也有著各自燦爛的民族文化，處於這些區域的企業的文化建設也需要考慮當地的區域文化、民族文化的影響。這裡以新疆為例，探討少數民族企業如何構建特色企業文化。

2.4.2.1 在新時期構建有民族特色的企業文化的內涵、特徵

我們偉大的祖國是一個多民族的國家，有56個民族。民族文化有著悠久的歷史，民族文化對各民族的發展起著巨大的歷史推動作用。黨中央十分重視文化對國家發展的巨大力量，黨的十七大提出大力發展中國的文化產業和文化事業，並且提出要把文化作為企業發展的軟實力，這對發展中的中國企業是個巨大的鼓舞。在構建企業文化參與世界市場競爭當中，中國已經與世界接軌，全國各地的企業正在以構建企業文化為軟實力而努力，新的世界發展和市場競爭格局正在形成。

面對新的發展形勢，要加快少數民族企業發展壯大的步伐，就要把少數民族文化運用和融入企業的構建當中，形成獨具特色的少數民族企業文化，讓少數民族企業在激烈競爭的國內外市場具有自己獨特的競爭優勢，促進企業不斷前進、壯大和發展。這已經提到了少數民族企業家的議事日程上，對新疆等各地少數民族企業發展有著重大的現實意義和深遠的作用。改革開放以來，國內外企業都越來越重視企業文化的作用，西方企業構建企業文化的成功經驗，已經越來越被中國企業重視。國外先進的企業文化理念十分值得中國企業借鑑，同樣也值得中

國少數民族企業充分借鑑和運用。當企業融入民族文化的內涵后，將極大地促進品牌核心競爭力和市場運作效率的提高，有利於企業管理制度的完善，有利於提高少數民族企業的經營績效。

　　新疆少數民族文化是中華民族文化的一部分，有著中華民族文化博大精深的共同內涵和特徵。各民族共同生活在這片富饒的土地上，在源遠流長的歷史發展長河中，他們共同為新疆少數民族文化創造了燦爛的歷史。這裡的佛教文化、伊斯蘭教文化、基督教文化、伊斯蘭文化、漢文化交相輝映，共存共融，相互交流和發展，在中國各民族文化的大花園裡，形成了既獨具特色又極其豐富的民族文化。這些少數民族文化形成了少數民族的特色，從人們的生活習慣、民族風俗和社會理念以及思維模式等方面，形成了各個民族的民族精神與價值觀念。少數民族的這些文化對人們的生活方式，包括衣、食、住、行方方面面起著明顯的作用，形成各民族獨特的生活習慣和具有傳統內涵的文化習俗。這些文化特色和內容成為中國少數民族文化的鮮明亮點，讓民族文化在國內外文化的花園裡散發出獨特的魅力。

　　根植於新疆民族群眾的民族文化，在新疆的土壤中成長和發展。新疆的少數民族文化是這裡企業的根基和靈魂，少數民族文化促進或者制約企業的發展，形成了獨具特色的少數民族企業文化。這些少數民族企業文化除了具有中國民族大家庭成員文化共有的內涵，還有獨具特色的豐富內容和亮點。新疆少數民族企業文化具有民族性，既受到中國傳統文化的影響，又繼承並發揚了少數民族文化的優良傳統，受到少數民族文化的制約和影響一定的宗教性，宗教習俗和倫理規範表現得十分明顯和突出。新疆少數民族企業文化具有融合性，不僅繼承了新疆少數民族文化的傳統文化，同時還在長期的歷史發展長河中，

經過世世代代與各民族文化的交融，豐富和發展了自己的文明成果，成為立足在新疆土地上既有特色又兼容各種成分因素的民族文化。

在構建少數民族企業文化中，充分認識少數民族文化的特色與內涵，將這種豐富的文化內涵運用到企業文化構建中，成為企業軟實力的重要內容，對企業的發展將起著重要的作用。

2.4.2.2 構建少數民族企業文化的方法、途徑和方向

如何建構少數民族企業文化，是擺在每一位少數民族企業家面前的新課題，已經引起許多少數民族企業的高度重視。要成功構建好少數民族企業文化，運用文化的力量激勵員工，增強企業的品牌力量，讓文化在企業發展中發揮優勢作用，讓企業在文化的作用下充滿活力，成為企業內在的強大推動力，是民族企業融入文化構建模式的出發點，也是民族企業發展的重要方向。隨著中國改革開放的深入和市場經濟的蓬勃發展，市場給中國廣大企業提供了極其寬廣的發展舞臺，但也給中國企業帶來越來越激烈的競爭，這些競爭不僅在國內的企業之間進行，而且成為國際企業之間的競爭。少數民族企業也不例外，在中國進入世貿組織的市場運行軌道后，無論是新疆的少數民族企業還是全國各地的少數民族企業，與國內許多企業一樣，都可以走出國門，走向世界市場去參與競爭。與此同時，國外先進的企業也源源不斷地進入中國市場，參與中國市場的企業交流和競爭，成為中國企業包括新疆少數民族企業在廣闊市場上強勁的競爭對手。這些新的世界市場格局，給中國企業包括新疆少數民族企業帶來巨大的商機的同時也帶來了嚴峻的挑戰。在這場角逐中，我們明顯地看到，國外先進的企業在進入中國時，往往總是以其品牌運行的強大力量，紛紛占領了中國的市場份額，改變著中國市場的原有格局，讓國內許多企業幾乎來不及招架而無法抵擋。深入分析這其中國外先進企業的「入侵

威力」的內在秘密，我們就可以清楚地看到，其實國外先進企業賴以在市場上取勝的關鍵要素，就是他們的企業長期構建了深厚的企業文化。正是這種企業文化的內在力量，促進國外先進企業在占領市場時有著強大的衝擊力，為這些企業在進入中國市場后的「攻城略地」發揮了重要作用。

世界市場競爭格局已經進入運用文化力量激烈競爭的時代。在這個時代，企業文化的建設扮演著極其重要的角色，起著不可低估的潛在作用。我們的少數民族企業要在國內外激烈的市場競爭中穩固根基，要與那些國外先進企業在市場上角逐競爭。要取得競爭的勝利，占領市場，將企業做大做強，最根本的內在因素就是運用民族文化作為企業構建的重要內容，充分借鑑世界各國先進的企業文化理念，學習其企業文化構建的方法，把文化與企業緊密地、有機地融合，發揮文化在企業中的軟實力作用，使企業文化成為企業騰飛的翅膀，為企業發展增添活力。作為新疆的少數民族企業也就是要用自己獨具特色的少數民族企業文化，夯實企業發展的根基，增強企業的軟實力，提高企業的核心競爭力，才能在激烈的國內外市場競爭中不斷發展和壯大，這是少數民族企業發展的必由之路。

第一，構建少數民族企業文化的方法如下：

一是立足少數民族的特點，構建少數民族企業文化。對於發展中的新疆少數民族企業而言，從民族特點出發，運用民族長期發展形成的文化精華，同時又與時俱進，不失時機地博採眾家之長，吸收國內外先進的企業文化的有利因素，根據民族企業的實際特點，把國內外先進的現代企業文化經驗運用和融會到民族企業中，形成和構建獨具特色的企業文化內容，這是中國少數民族企業在文化建設上的有效途徑和方法。與國內絕大多數企業以傳統的漢文化為思想脈絡構建具有區別的是，受到少數民族文化的影響，各少數民族企業在進行文化構建時，

必須充分考慮到少數民族企業在企業的價值觀、管理行為習慣等，在產品包裝等方面也都有少數民族文化的印跡，越是民族的，才越是世界的。只有這樣，才能讓新疆燦爛輝煌的民族文化異彩紛呈，通過民族企業廣泛地向世界傳播，促進世界更加瞭解新疆，吸引世界各國企業與新疆少數民族企業的貿易往來，促進新疆少數民族企業與世界各國企業的交流，也將有力地帶動新疆經濟和各項事業快速騰飛。

　　二是向國內外先進的文化成果學習，豐富和構建少數民族企業文化。世界各國的文化發展史表明，各個國家、各個民族雖然在長期的歷史發展中創造了燦爛的文化，這些文化源遠流長，內容豐富，但是不可能包羅萬象。時代正在以前所未有的速度發展，隨著中國加入世界貿易市場，與世界各國的交流越來越密切。國外企業憑藉其先進的企業文化進入中國市場，中國新疆及各地少數民族企業文化必須與時俱進，不僅要從少數民族文化中取其精華、去其糟粕，適應時代發展的要求，同時還要積極地吸收國內外其他民族的文化發展成果，以豐富發展自己民族的文化內涵。

　　三是用發展的眼光做好少數民族企業的文化構建。運用少數民族文化構建企業文化的工作，是一項系統工程，也是一項有長遠意義的工程，不能一蹴而就。少數民族企業要在國內外市場激烈競爭的形勢下不斷前進，做到穩步可持續發展，就要有發展的眼光，從企業的長遠目標出發，充分認識到企業文化對企業未來發展的重要作用，自覺地增強企業文化建設的積極性。企業不能因為在短期內看不到經濟效益，就放棄了企業文化建設，這樣就會一葉障目，使企業失去了發展的活力源泉。

　　少數民族企業必須增強憂患意識，要有發展的長遠規劃。企業在市場上的競爭不是一朝一夕的，企業軟實力的構建和增強都是在文化的不斷累積中逐步進行的，需要一個不斷豐富和

累積的過程。在這個發展的過程中，企業家要正確處理現實利益與長遠利益的辯證關係，認識眼前利益與長遠目標的相互關係，充分認識文化對企業發展的重要作用，努力地加強少數民族企業文化的建設，為企業的長期發展打下良好基礎。

第二，從現代企業的目標入手加強企業文化構建的舉措如下：

一是從品牌入手構建少數民族企業文化。縱觀世界各國市場近百年的發展歷史，我們毫無疑問地認識到品牌是企業走向市場的最有力的武器，沒有品牌的企業不可能成功。改革開放以來，大量的國外企業進入中國市場，並且在與中國企業的競爭中不斷地發揮優勢，成為中國企業強大的競爭對手，其最根本的依託就是品牌的力量。然而，品牌是由文化構成的，品牌的一半是文化，品牌是文化的載體，文化是品牌的靈魂。國內外優秀的企業品牌都具有獨特的文化底蘊，都積澱和累積著民族文化的豐富內涵。現代企業包括少數民族企業對品牌的認識已經越來越深入，也越來越重視品牌，但是自覺地把文化注入企業品牌之中，讓企業品牌發揮獨特的魅力，形成自己企業品牌的差異化競爭力，還是有許多工作要加強。民族企業要加強運用文化的力量塑造品牌、傳播品牌，讓民族文化充分發揮威力，為塑造民族企業的品牌形象發揮強有力的作用，提高民族品牌的知名度、美譽度，塑造具有獨特文化內涵的民族品牌，為企業市場營銷運作爭取更大的經濟效益。

二是從增強企業核心競爭力入手構建少數民族企業文化。世界市場進入高度競爭的時期，任何國家和民族的企業要在市場環境下生存和發展，都不可避免地要參與這種競爭。要想在競爭中生存，就必須依靠企業擁有的核心競爭力。這種企業與外部競爭的力量，就是企業在市場上戰勝競爭對手、占領市場的關鍵。世界各國成功企業的經驗表明，任何企業的核心競爭

力都有著共同的內涵，就是擁有企業文化。文化是形成企業核心競爭力的最重要內容，也是企業競爭力的重要標誌。在激烈的市場競爭形勢下，現代企業技術發展突飛猛進，不斷地淘汰和更新使企業不斷變革。然而，企業的新技術、新產品問世後都很容易被競爭對手所模仿，失去其競爭力，唯有構成競爭力核心的企業文化是任何競爭對手都無法模仿的，這是現代成功企業取勝的法寶。民族企業通過在企業的競爭力中科學地導入企業文化，運用民族文化的豐富內涵打造企業競爭力核心，形成具有獨特文化內涵的企業競爭力核心優勢，才能在國內外市場上擁有一席之地，取得不斷發展的業績。

三是運用文化增強企業凝聚力。現代企業家越來越重視運用文化的力量增強企業的凝聚力。企業依靠廣大職工從事生產、銷售，從而贏得企業的發展。離開了職工群眾，企業就沒有了存在的基礎。因此，重視運用文化的力量，在企業中營造人文情懷，營造企業文化的團結氛圍，促進職工為企業發展努力做出貢獻，也是企業文化的魅力。民族企業應該向國內外先進的企業學習，運用民族文化成果，融入企業的人文情懷之中，進行人性化管理，用民族文化中倡導平等、互助和慈愛的文化理念提高企業的凝聚力，這必將大大提高企業職工的創造性，從而推動企業發展。堅持公平、誠信、合作，避免爾虞我詐、鈎心鬥角，實現人性化管理，用民族文化和現代先進的企業文化成果，把少數民族企業建成氣氛融洽、地位平等、團結友愛的人性化企業，不僅要關注員工的健康和成長，還要建立新型的工作環境和氛圍，讓企業文化大大提高企業職工的創造性，推動企業發展。

2.4.2.3 構建少數民族企業文化的前景展望

21世紀是一個文化衝擊的時代，企業文化是民族企業科學發展的關鍵因素。構建少數民族企業文化，將為少數民族企業

發展帶來蓬勃發展的新機遇。構建少數民族企業文化必將促進少數民族企業的發展壯大，使少數民族企業更好地走向全國、走向全世界，為中國國民經濟的發展、為中國深化改革做出新的貢獻。

　　區域文化、民族文化與企業文化的融合，使得企業文化的建設成為有源之水，不斷豐富內涵，不斷得到昇華。

3 企業軟實力的昇華：企業社會責任

　　企業社會責任是在社會和諧發展和企業持續經營的前提下，企業作為社會生態系統的成員之一，在與其他社會構成單位之間的互動關係中獲取權利的同時，對於其他社會構成單位應盡的責任。企業的利益相關者，如股東、政府、員工、債權人、供應商、消費者、社會公眾等是其他社會構成單位的典型代表。企業作為法人組織，是權利與義務的統一體，企業自成立起便與社會之間形成了契約，以此來規範雙方的權利和義務，這一契約包含著一個社會固有的假定和期望，即企業的責任。企業社會責任既包括從市場獲取利益的權利，也包括承擔社會責任的義務。

　　企業社會責任最初是由美國學者奧利佛·謝爾頓於1924年提出的。經過多德與貝利關於有無社會責任或企業社會責任的正當性的論戰，關於企業應當承擔社會責任的觀點逐漸得到了社會的廣泛認同。到20世紀90年代中期以後，企業社會責任已經發展成為一個全球性的社會運動。人們又在積極地為具體開展和實施這一活動做出不懈的努力。一些大公司、跨國公司制定了企業生產守則，用以規範企業自身的行為符合社會普遍認可的規範，起到了推廣與示範的作用，並將企業社會責任根植於企業本身的文化基因之中，構成了企業軟實力的重要組成部分。

3.1 企業社會責任的內涵與原動力

3.1.1 企業社會責任的內涵與理論解釋

3.1.1.1 企業社會責任的內涵

企業社會責任最初並非企業在實踐中主動而為之，而是迫於外在的壓力而為之。一是消費者運動。消費者運動是在近代商品經濟條件下，消費者為爭取社會公眾，維護自身權益，同損害消費者利益行為進行鬥爭的一種有組織的社會運動。最終購買和使用企業產品與服務的消費者是企業生存的前提，也是企業履行社會責任的客體之一。隨著消費者的地位日益提高，滿足消費者不斷提高的需求成為企業履行社會責任的起點。二是法制化進程。法制化是指企業社會責任的表現形式由道德義務轉向法律義務，企業社會責任的部分內容在法律中被具體化、成文化、確定化。這一方面說明企業社會責任的標準在逐步提高，涉及的範圍越來越廣；另一方面說明企業社會責任確實處於實踐進程之中。與企業社會責任相關的法律，如公司法、勞動法、稅法、合同法、安全生產法、產品質量法等。三是公民意識逐年提高。公民意識是公民對自身在國家和社會中的政治地位和法律地位、應該享有的權利和應該履行的義務的一種自我認識以及對這些權利和義務實現方式的理解。公民的社會意識表現為一種公民在其公共生活領域做出體現公共利益行為的自覺性和責任性，即公共意識。公共意識包括四個方面，即公共規範意識、公共協商意識、公共責任意識和服務意識。公共意識最終體現為對公共利益的關注，公共利益是公共意識的核心價值取向。四是社會輿論監督。通常在具有一致利害關係的

社會群體中容易形成共同的輿論,如存在某個涉及人們共同利益的問題與事件、有許多人對某一問題或者事件發表意見、在這些意見中具有某種傾向性的意見、這種共同意見會直接或間接地對社會產生影響。因此企業一旦出現損害社會公共利益的行為,會引起社會輿論的監督。五是市場競爭的結果。在賣方市場時代,企業無論產品質量如何、生產過程是否符合法律與道德的要求、對環境與人權等是否關注,企業產品與服務均能銷售完畢,因此對於企業社會責任的關注會失去緊迫感。而在買方市場環境中,迎合消費者、社會公眾及其他利益相關者的訴求,成為企業行為的本能,因此,企業基於競爭的需要,思考戰略性的社會責任。指企業以承擔社會責任為公司願景,將誠信經營、環境保護、資源節約、熱心公益等理念貫穿於企業價值鏈的各個環節,有效整合社會資源,創造有利於企業經營的內、外部環境,將企業責任變成企業的內在約束與主動行為。

　　隨著企業履行社會責任的範圍與內容不斷擴大,企業的社會責任行為逐漸由被動行為向主動行為轉變。企業社會責任的內涵也引起了研究者的廣泛關注。關於企業社會責任的完整內涵,學界通常採用的是卡洛爾的觀點。卡洛爾認為企業社會責任是社會寄希望於企業履行之義務,社會不僅要求企業實現其經濟上的使命,並且期望其能夠遵法度、重倫理、行公益。因此,完整的企業社會責任,乃企業經濟責任、法律責任、倫理責任和自主決定的慈善責任之和。按照卡洛爾的觀點,企業社會責任就是一個企業對自己的利益相關者所承擔的各種義務,包括企業的股東、員工、消費者、供應商等交易夥伴,也包括政府部門、當地社區、環保部門等壓力集團。

　　一些學者和組織從企業社會責任的典型行為來界定其內涵。美國經濟開發委員會於1971年6月在其發表的《商事公司的社會責任》中將企業社會責任列舉為10個領域的58類行為。值

得注意的是，除了學者以外，大量國際組織、政府及非政府組織也熱衷於企業社會責任的研究，並各自對社會責任的內涵進行了界定。這些組織有國際勞工組織、歐盟、聯合國貿易發展大會、世界銀行等。英國政府認為企業社會責任是指企業對國家可持續發展目標做出貢獻，在生產經營過程中對經濟、社會和環境目標進行綜合考慮，在自願基礎上採用高於最低法律要求的標準。目前國際組織對於企業社會責任的內涵有以下共同觀點：一是企業社會責任屬於公司的自願行為；二是企業社會責任應該包括環境、勞工權益、人權的保護措施；三是參與社區和社會公益活動等要素；四是其承諾的責任應該高於多數國家的法律要求。

因此，企業的利益相關者包括政府、投資者、商業夥伴、員工、消費者、社區、民間團體等都是企業生產營運環境中的要素，是社會大系統中相互依存、相互影響、相互制約的活動主體。企業在對股東負責，獲取經濟利益的同時，主動承擔對其他利益相關者的責任。這些責任是建立在自願基礎之上的，高於相關法律的要求，有利於保證企業的生產經營活動對社會進步產生積極影響，為社會可持續發展做出相應貢獻，是企業社會責任的基本內涵。

3.1.1.2 企業社會責任的理論解釋

第一，企業公民理論。企業公民是指一個企業將社會基本價值與日常商業實踐、運作與政策相整合的行為方式。企業公民要素包括三個核心原則和三個價值命題。三個核心原則是危害最小化、利益最大化、關心利益相關者和對他們負責；三個價值命題是理解、整合和強化企業價值觀，將這些價值觀融入企業核心策略中，形成支持體系強化這些價值觀並實施。企業公民理論強調企業作為社會經濟實體必須承擔與個人類似的、應有的權利與義務，實現了經濟行為與更廣泛的社會信任的溝

通與互聯，服務於雙方利益。企業公民的發展隨企業的發展呈現階段性，莫維斯將企業公民的發展分為五個階段：第一階段是初級階段，企業主要是按照法律與行業標準來進行生產經營，很少考慮股東利益以外的事務；第二階段是參與階段，企業開始用新視角來看待自身在社會的作用，參與更多的社區與社會事務來爭取公眾的信任；第三階段是創新階段，企業不但要對股東負責還要對利益相關者負責；第四階段是結合階段，企業從可持續發展角度出發，將企業社會責任與經濟責任、法律責任等相結合；第五階段是轉變階段，這一階段的企業家也是慈善家，把企業公民看作持續的商業行為，關注世界貧困、疾病等一系列問題。

第二，利益相關者理論。利益相關者概念最初由伊戈爾·安索夫在他的《公司戰略》一書中首次提到。1984年，弗里曼的專著《戰略管理——利益相關者方式》出版後，利益相關者、利益相關者理論等術語開始被廣泛使用。弗里曼認為，利益相關者是指那些對企業戰略目標的實現產生影響或者能夠被企業實施戰略目標的過程影響的個人與團體。利益相關者理論主要是關於公司治理的理論，是從對企業社會績效評價的角度提出企業不僅僅要對股東負責，而且要對利益相關者負責。普瑞斯頓通過對傳統的投入產出模型和利益相關者模型的比較研究，認為在傳統的投入產出模型下，供應商、投資機構和員工被看作投入要素，而在利益相關者模型中，除此之外，投入要素還包括政府、社區、政治集團、行業協會等。只要是企業合法利益的利益相關者都會從企業活動中獲取收益，而且各類利益相關的利益是平等的，沒有任何一種利益優先於其他利益。克拉克森則將利益相關者分為初級利益相關者與次級利益相關者，前者是指一旦離開他們企業就無法正常運行，如股東、員工等；后者則不介入企業的具體事務，但也與企業相互影響，如社會

團體等。利益相關者理論是建立在企業承擔社會責任的原則之上，與股東是企業唯一利益相關者的觀點正好相反，豐富了企業社會責任的理論基礎。

第三，社會契約理論。社會契約理論是西方國家的一種社會學說，典型社會契約具有自由性、平等性、功利性三個基本特點，隨著社會經濟的發展，企業社會契約理論比典型社會契約理論更為普遍。唐納森認為，企業與社會提出了一個契約，企業應對為其存在而提供條件的社會承擔責任，社會應對企業的發展承擔責任。企業社會契約存在企業與社會兩個主體，企業社會契約是一種雙方共識，企業社會契約是企業與社會之間不斷變化的契約關係。發展的企業社會契約理論認為企業追求經濟發展不會自動導致社會進步，相反可能會導致環境的退化、工作條件的惡化、對社會中特定團體的歧視及其他社會問題，企業有責任為社會和經濟的改善而工作。面對經濟全球化，唐納森與鄧菲進一步提出綜合社會契約理論。他們認為在全球經濟交往中，存在一種廣義的社會契約，分為兩種形式：一是假設的或宏觀的契約，反應一個共同體的理性的成員之間假設的協議，設計這樣的契約是為了給社會的相互作用建立參照標準；二是現存的或微觀的契約，反應一個經濟共同體內的實際契約，指行業、企業、同業公會等組織內部或相互之間存在的非假設的、現實的協議。綜合的社會契約理論把微觀社會契約與宏觀社會契約結合起來，堅持宏觀社會契約的道德規範要充分考慮到企業、行業和其他經濟共同體內部的現有協議，保持兩者的一致性及相互聯繫。

第四，企業三重底線責任理論。20世紀90年代以後，埃利克頓提出了企業三重底線責任理論。該理論是指企業的業績評估包括三個表現，不僅包括企業的經濟表現，而且包括環境表現與社會表現。企業要同時對外公布自己的財務報告和環境及

社會表現報告，這三個報告綜合評估一個企業的業績。其深層次內涵是企業為謀求可持續發展，在生產經營過程中不能只追求單一的經濟效益，還必須追求社會業績（如社區服務、善待員工）和環境業績（如對生產過程中排泄物、廢棄物的處理），即企業必須兼顧投資者、消費者、員工、供應商、經銷商、社區、公眾等所有利益相關者的利益，將利潤、環境保護、社會責任同時作為企業生存與發展的三條基本底線，如果超出這三條基本底線，企業將失去可持續發展的基礎。因此，從本質上講，三條基本底線是社會基於人類可持續發展的考慮對企業經營活動提出的三個要求，是社會衡量企業行為的三維標準。

第五，層次責任理論。卡洛爾為了將企業的經濟責任與社會責任協調起來，提出了企業社會責任的層次模型。他認為企業的社會責任包括了經濟責任、法律責任、倫理責任與自由決定的責任，這種劃分有助於描述企業的全部社會責任。根據卡洛爾的觀點，這四個方面的責任並不是無主次輕重可以等量齊觀的，而是呈現一個金字塔形的結構。經濟責任是企業生存與發展的根本，是其他三個責任的基礎，往上依次是法律責任、倫理責任和自由決定的責任。對於四個責任，企業是同時履行而不是存在先後關係的，有時它們又互相衝突，但它們緊密聯繫在一起。卡洛爾的責任層次模型后來成為其他許多學者研究企業社會責任的思想基礎。例如，戴維斯提出了三個同心圓模型，麥格南和費瑞爾提出了考察特定企業社會責任行為的框架，伍德提出了關於企業社會表現的模型等。

3.1.2 企業社會責任的內部動力來源

企業社會責任最初的發展雖然並非企業在實踐中主動而為之，而是迫於外在的壓力而為之，但是在不斷的社會實踐中，企業不斷地反思其行為與價值觀，發現企業履行社會責任如果

是迫於外部壓力的話，那說明企業對於社會責任的認識還停留在初級階段。深刻反思企業存在的價值、人性的發展、社會的文明與進步等，我們發現企業履行社會責任的內部動力來源包括根本動力，即對於長期利潤的追求；系統動力，即企業的社會屬性；約束動力，即企業市場價值與社會價值的平衡；原動力，即和諧發展觀（如圖 3.1 所示）。

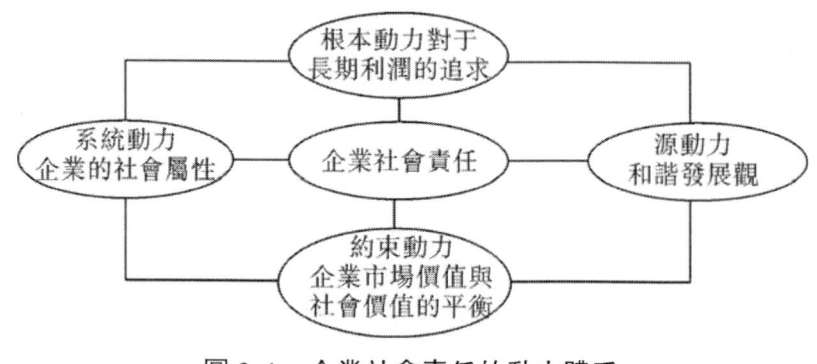

圖 3.1　企業社會責任的動力體系

3.1.2.1　對於長期利潤的追求是企業履行社會責任的根本動力

企業是追求經濟利益的市場主體，其經營目標只有在市場中才能實現，也就是說只有當企業的各利益相關方通過市場行為影響企業經營目標的實現時，才能推動企業承擔社會責任。企業履行社會責任與追求利潤目標之間事實上存在著一種緊張狀態，這種緊張狀態可以稱為張力。因為博弈必須是重複進行的，企業才能有足夠的耐心去關心未來，其中一個非常重要的誘因就是遠期收益是否足夠大、是否足以讓企業放棄眼前利益。企業承擔社會責任必然會增加當期成本，降低當期收益，博弈的重複概率越高，未來收益的折現值就越大，未來收益同當期收益的差距就越小，企業為了獲取當前利益而放棄長期利益的成本就會越高，一次放棄社會責任所獲取的收益同持續承擔社

會責任所帶來的長遠收益是微不足道的。因此，企業預期的未來收益越高，承擔社會責任所付出的當前成本越低，企業就越有積極性履行社會責任。

羅重譜認為，如果企業資源僅用於獲取利潤與從事社會責任活動，將這兩種活動看作兩種可替代的商品，將管理者看作消費者，則管理者對於利潤與社會責任就產生偏好曲線，如圖3.2（a）所示。當社會責任能力約束曲線與管理者偏好曲線相切時，管理者獲得利潤與社會責任的最佳組合。E點便為利潤與社會責任的最優組合點。從長期看，隨著企業可利用資源的增加，管理者用於實現利潤的資源和用於從事社會責任活動的資源也將增加。因此，社會責任能力約束曲線從 A_1B_1 移動到 A_2B_2，再移動到 A_3B_3……，利潤與社會責任的最優組合點從 E_1 移動到 E_2，再移動到 E_3……由 E_1，E_2，E_3……形成的軌跡，反應了企業利潤與社會責任的長期關係，稱為長期利潤社會責任曲線，如圖3.2（b）所示。因此，對於長期利潤的追求乃企業承擔社會責任的根本動力。企業社會責任行為與企業內在的特徵和利益訴求相一致時，即社會責任水平與企業自身的資源與能力一致時，這樣的社會責任行為才是真誠的，對企業、對社會才是最有利的。

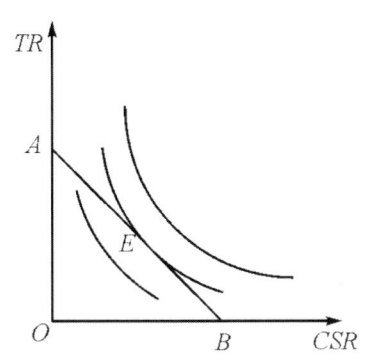

圖 3.2（a） 短期利潤與社會責任的最優選擇

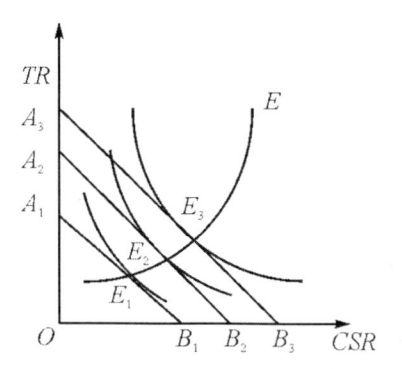

圖 3.2（b）　　長期利潤社會責任曲線

3.1.2.2　企業市場價值與社會價值的平衡是企業社會責任的約束動力

企業一般都有特定的使命與目標，為了達成這一目標，企業必須建立戰略決策規劃。此時的企業所面臨的選擇是多元化的，這就需要企業對價值做出判斷。「價值」這個詞最早是在經濟意義上使用的，意味著客體對於主體的有用性，即一個客體可以滿足主體的需要時，就說客體是有價值的，也可稱之為效用價值、交換價值。另一種道德意義上的價值概念用善、惡來表述，善的價值表達了對個人自願的、對由許多人構成的集體有貢獻的行為的評價，善的價值是關於集體生存的社會價值，可以稱之為「公共善」。道德價值具有兩重性，即功利性與非功利性，但事實上人們往往側重於道德的非功利性，而羞言道德與利益的本質聯繫。其實，馬克思早已論述過道德意識形態對社會經濟生活有積極的能動作用。許多后來成為百年老店的企業，在創立之初就表現出極崇高的道德感，並且將這種價值觀始終貫穿於企業的發展之中，創造了令人矚目的歷史。例如，福特汽車公司的創始人亨利·福特說過：「作為領導者，雇主的目標應該是比同行業的任何一家企業都能給工人更高的工資。」福特汽車公司一直執行這一理念，強烈的社會責任感使得福特

汽車公司至今仍然為世界一流汽車企業。

對於社會責任與企業價值之間的關係一直存在著兩種觀點。一種觀點認為企業承擔社會責任會損害企業價值。例如，奧佩里特（Aupperleetal）認為企業承擔社會責任將浪費資本和其他資源，與那些不從事社會責任的企業相比，企業會處於競爭劣勢。另一種觀點認為企業承擔社會責任會提高公司價值。例如，康奈爾和夏佩羅（Cornell & Shapiro）認為不能滿足股東之外的利益相關者的需求，將產生市場恐懼，並提高企業的風險溢價，最終導致更高的成本或喪失盈利機會。李海艦、馮麗認為社會資本是經濟持續增長的重要組成部分，社會資本所包含的社區關係、誠信、義務工作、社會網路及公民精神等，均屬於有效益的價值，是可以參與投資的經濟資源，而且這種資源是可以產生巨額回報的。德國社會學家馬克斯·韋伯就倫理精神與經濟的關係進行過深入考察，最終得出倫理精神是經濟發展根本動力的普遍性結論。依此邏輯，對於一個從事正常經濟活動的企業來說，其追求市場價值與社會價值是恰當的，然而在市場價值與社會價值之間存在著張力，企業這兩種價值的張力平衡構成了企業履行社會責任的約束動力。

3.1.2.3 企業的社會屬性是企業履行社會責任的系統動力

企業作為一個經濟實體，在生存與發展過程中佔有、消耗、處置了大量的社會資源，包括物質資源、人力資源、財務資源；同時，其產品與服務又必須回饋給社會系統，因此企業與社會之間就存在看不清、道不明的千絲萬縷的聯繫。企業擁有大量的管理才能、職能專長以及控制了大量社會資本，存在巨大的影響力。企業並非存在於真空之中，而是存在於關係之中。如果沒有所有者，沒有原始投資者、戰略投資者的投入，就不可能有企業；如果企業生產的產品與服務沒有足夠多的顧客以企業滿意的價格購買，企業就沒有利潤，企業就沒有存在的價值；

如果企業沒有高素質的員工全身心地投入工作，就生產不出符合社會需要且具有競爭力的產品與服務；如果沒有供應商，原材料、技術等的供應就不穩定可靠，企業生產經營過程就不順利。另外，企業還需要政府的支持，為了減少政府干預，並確保自己在決策上擁有較大的自由，企業就應該主動制定並遵循一些較高標準的規範，主動求變比被動反應要好。企業還需要社區、公眾、其他組織的支持、理解、合作。

企業對社會的影響不僅僅是經濟上的，還包括政治的、技術的、文化的、環境的、社會的諸多方面。在較深層次上，企業通過一個行業持續累積的增長來改變社會，這種影響是間接的、不可見的、不可知的，也不是可以計劃的，但卻真實存在且是重要的。既然企業行為對社會有影響，社會理所當然會對其提出一定的要求。權責相符是現代管理學的基本原則，因此凱恩·戴維斯與威廉·C.弗雷德里克認為企業社會責任源於企業的社會權利，有權利就應該承擔相應的責任，這是責任的鐵律。任重遠、朱貽庭也持類似觀點，他們認為責任以權利為前提，無權就無責，企業社會責任應該通過企業利益相關者的權利來解釋，企業利益相關者擁有不同類型的權利，這些權利可能因為企業的經營活動而受到侵害。正是權利以及權利的易受傷害性，決定了企業在經營活動中必須自覺地承擔社會責任。

更進一步地講，企業是社會系統的子系統，是企業公民、是社會主體，作為社會主體的公民也必須承擔社會責任，包括經濟責任、政治責任、法律責任、道德責任、慈善責任等。由於企業對於社會資源的控制能力與慾望，使其在社會中所能享有和實際利用的權利往往超過了預先設定的權利。根據權利與義務對等的原則，企業自然應該履行相應的社會責任。因此，企業的社會屬性是企業履行社會責任的系統動力。

3.1.2.4　和諧發展觀是企業履行社會責任的原動力

企業的發展觀經歷了傳統發展觀、可持續發展觀、和諧發展觀三個階段。其中，和諧發展觀是企業履行社會責任的原動力。

第一，傳統發展觀。傳統發展觀有兩個典型特徵：一是傳統發展觀是資源「無限意識」的發展觀。傳統發展觀認為自然資源是無限的，其理由是：首先，物質資源是無限的，物質是不滅的，能量是守恒的，而且是相互轉化的；其次，人類理性認識能力是無限的；最后，科學技術的發展是無止境的，人類徵服自然和改造自然的能力也是無限的。二是傳統發展觀是「人類中心主義」的發展觀。其認為人在自然面前變得為所欲為，其結果導致了生態失衡、環境污染和資源短缺等一系列全球性問題。

第二，可持續發展觀。全球性問題的出現使人們不得不反思人與自然的關係，迫使人們尋找新的發展模式和存在方式，可持續發展觀正是在這一背景下誕生的。可持續發展觀提出以后，得到國際社會的廣泛認同，成為許多國家選擇發展目標和制定規劃的基本理念。然而，人們大都關注可持續發展「如何可能」的問題，而沒有深入探究可持續發展「是否可能」的問題。可持續發展觀本身也面臨理論和實踐上的難題：可持續發展觀的指導思想依然是人類中心主義；可持續發展觀的結果歸根究柢不過是人類一部分的可持續性；可持續發展觀的現狀是人類依然受困於增長情結不能自拔。

第三，和諧發展觀。要想把人類從發展的困境中解救出來，唯一的出路就是徹底地拋棄以人類中心主義為指導的發展觀，迴歸和諧——人與自然的和諧以及所有存在內部和存在之間的和諧，承認自然界具有自身的價值，給予它們以平等的地位，並在此基礎上建立一種新的發展觀——和諧發展觀。

和諧發展觀包括兩個構成要件，即和諧與發展。和諧是從靜態空間意義上來講的，主要包括三個方面：一是構成各子系統的諸要素自身的和諧；二是子系統內部要素之間的和諧；三是各個子系統之間的和諧。而發展是從動態時間意義上來說的，也包括三個方面：一是構成各子系統的諸要素自身的發展；二是子系統內部要素之間的和諧發展；三是各個子系統之間的和諧發展。雖然最終的和諧很難實現，但作為一個美好理想，它應當也能夠起到一個心靈淨化和行為指導的作用，最偉大的理想都應該是不能完全實現的理想，但它能鼓舞世人不斷奮進，引導社會更加完善。

　　企業可持續發展觀、和諧發展觀的價值理念有助於企業認識其在社會系統中的功能。企業是服務於人類發展、社會發展的，是人類文明的建設者、促進者，是社會和諧的推動者。企業如果不履行社會責任，則會走向和諧發展的反面，與當前社會發展的主流價值觀不符，則企業也會失去存在的價值。因此，和諧發展觀是企業履行社會責任的原動力。

3.2　基於企業社會責任的組織文化

3.2.1　企業社會責任與組織文化的統一

　　企業社會責任對企業的穩定發展起著決定性的影響，賺「快錢」而忽略社會責任的企業注定走不長遠，這種例子數不勝數；而有著執著地服務社會的意識，努力為消費者創造價值，將企業倡導的服務文化、消費文化與社會主流價值觀融為一體的企業，才能成為常青樹。組織文化的正確性、獨特性、吸引性可以為企業指明正確的方向，匯聚服務社會的資源，產生創

造價值的能力，很難想像一個沒有文化的組織能成為市場的勝利者、得到消費者的擁護，更難以想像一個沒有文化的企業能成為「百年老店」。因此，組織文化與企業社會責任兩者相輔相成，相互影響。

組織文化從不同的角度與層面體現著利益相關者的思想與目標。企業的戰略制定、戰略實施及經濟利益，都應該從組織文化的社會責任角度出發來擔負社會效益的責任。就企業發展而言，一個企業的組織文化能充分顯示企業承擔的社會責任，組織文化是本企業內部員工所認同的，並在工作中與對外行為中得以體現；企業社會責任在企業員工的工作和企業的行為中得以反應。企業如果具備人文關懷、重視員工的自我發展、注重團隊合作精神以及能夠集思廣益、不斷創新、努力學習與改善社會服務能力、重義輕利與義利相融，那麼企業的員工也會具備很強的社會責任意識。

企業社會責任能夠助推組織文化的凝聚力。組織文化在利益相關者中樹立了一個以企業為中心的共同價值觀，企業社會責任推動了企業與利益相關者之間的關係，使凝聚力得到有效提升。企業社會責任能夠明確組織文化的導向性，組織文化將企業利益相關者的個體目標引導為企業的集體目標，使個人意願與行為滿足組織文化的需求，促進企業發展的合力的形成。在這一過程中，企業的社會責任觀念提供了明晰的倫理方向，從道德倫理的層面引導利益相關者全力完成企業所確立的社會服務目標。企業社會責任能夠增強組織文化的激勵機制，企業通過組織文化的渲染，激勵企業利益相關者努力實現企業設定的目標。從倫理道德層面考慮，企業社會責任是組織文化這種激勵功能的實現前提，為企業的發展起到強有力的保障作用。企業社會責任能夠確保組織文化的約束作用，組織文化通過共同的行為規範對企業利益相關者的行為進行約束。企業社會責

任以組織文化的耳濡目染，將外在的制度約束內化為企業成員的自覺行為，從而轉化為道德倫理上的認同，使企業員工和諧統一於具有正能量的社會責任價值觀之中。

3.2.2　企業經濟性與社會性的統一

企業對社會的影響不僅僅是經濟方面的，還包括政治方面的、技術方面的、文化方面的、環境方面的、社會方面的等諸多方面。從經濟性考慮，企業的逐利本性致使其為了長期利益應該對社會負責。托馬斯·佩蒂特認為，工業社會面臨著主要是由於大公司的出現而帶來的嚴峻的人文與社會問題，管理者在執行公司事務時要能夠解決或至少是緩解這些問題。因為社會出現的許多問題與企業的不當行為有很大關係，企業應該主動解決這些問題，遏制社會狀態的惡化，為企業的生存與發展創造良好的環境基礎。

正如前面提到的，企業作為一個經濟實體，在生存與發展過程中佔有、消耗、處置了大量的社會資源，包括物質資源、人力資源、財務資源；同時，其產品與服務又必須回饋給社會系統，因此企業與社會之間就存在看不清、道不明的千絲萬縷的聯繫。企業擁有大量的管理才能、職能專長以及控制了大量社會資本，存在巨大的影響力。企業並非存在於真空之中，而是存在於關係之中。如果沒有所有者，沒有原始投資者、戰略投資者的投入，就不可能有企業；如果企業生產的產品與服務沒有足夠多的顧客以企業滿意的價格購買，企業就沒有利潤，企業就沒有存在的價值；如果企業沒有高素質的員工全身心地投入工作，就生產不出符合社會需要且具有競爭力的產品與服務；如果沒有供應商，原材料、技術等的供應就不穩定可靠，企業經營過程就不順利。另外，企業還需要政府的支持，為了減少政府干預，並確保自己在決策上擁有較大的自由，企業就

應該主動制定並遵循一些較高標準的規範，主動求變比被動反應要好。企業還需要社區、公眾、其他組織的支持、理解、合作。

企業行為對社會的影響有兩個層次。在表層，企業影響力不管是大是小，都是可見的社會即期變化的直接原因，如建立或搬遷工廠、推出新產品、雇傭員工、改變生產方式和勞動工資政策、擴大生產規模、壓縮投資等，都會導致一定的社會變化。在深層，企業通過一個行業持續累積的增長來改變社會，這種影響是間接的、不可見的、不可知的，也不是可以計劃的，但卻真實存在，並且是重要的。既然企業行為對社會有影響，社會理所當然會對其提出一定的要求。因此，股東利益最大化，甚至社會利益最大化，都無法超越企業社會責任的思想。責任以權利為前提，無權就無責，企業社會責任應該通過企業利益相關者的權利來解釋。企業利益相關者擁有不同類型的權利，這些權利可能因為企業的經營活動而受到侵害。正是權利以及權利的易受傷害性，決定了企業在經營活動中必須自覺地承擔社會責任。

企業的經濟性與社會性統一於組織文化之中，踐行於企業社會責任之中。客觀認識、理解企業的經濟性與社會性，有助於明確企業的本質與歷史使命，形成良性的經營哲學與觀念。知曉企業的社會性則有助於人們理解企業的社會責任，將承擔社會責任納入企業的經營思想、行為規範之中。因此，企業的經濟性與社會性的雙重屬性，將企業社會責任自覺地納入組織文化之中，並在長期的市場競爭與社會實踐中，使社會責任成為組織文化的核心。

3.2.3 企業的歷史使命與傳統義利觀的統一

3.2.3.1 企業的歷史使命

在當代的這個全球化、信息化、一體化的商業時代裡，企

業逐漸成為最重要的組織之一,企業的行為對社會的影響也逐步增強,企業已經成為人文科學與自然科學結合的平臺、不同文化交融的平臺、為人的全面發展服務的平臺。

企業是人文科學與自然科學結合的平臺。從人類的發展史來看,我們會發現人類的文明是建立在對物質資源的開發和對工具的創造與利用上。尤其是工業革命以後,追求科技的發展與享受物質文明的慾望也逐步提高了。在現代社會裡,企業利用著科技這把鋒利無比的雙刃劍,「掠奪」著到現在為止是我們唯一家園的地球,我們在提出企業社會責任、保護環境、防止污染的前提下,也許還要考慮從根本上來反省人類生活、工作的目的。現在世界上的有識之士,早已知道科學的最后作用,必須要與哲學碰頭會面,重新為人類的人文和人生的真諦,做出定論和歸結才行。科技發展的最高目的,不是專門作為經濟價值或市場競爭工具的。作為經濟發展主力軍的企業,更應該對這一點了然於胸。

企業是不同文化交融的平臺。人類在 21 世紀裡必然要面對的重大課題是不同文化的交流與融合。人類正在利用高科技的航天飛船探索外太空是否有生物的存在,也許人類對太空的徵服又會開始一個宇宙文明的時代。地球文化的融合,也許更是當務之急。現在我們許多企業家正在中國的傳統文化中探索企業的持續發展之道,用中國傳統文化來指導企業的實踐;同時,積極學習國外先進文化的精髓,洋為中用。反之,國外的研究者也在積極探索、學習中國文化。學習型組織的創立者彼得·聖吉在他的著作《第五項修煉》裡就提到過中國文化對他的啟發,他更在多處引用了《老子》這本書。中國文化的復興要通過企業這個平臺,瞄準企業文化這個結合點,並且通過對企業中千千萬萬員工的影響,來達到復興的目的。

企業是為人的全面發展服務的平臺。當前,單純物質匱乏

的時代早已遠去。特別是在發達國家中，企業員工對全面發展的呼聲、對「雙超」（超經濟、超安全）的渴望是積極而強烈的，研究者與管理者也提出以人為本的發展觀，為人的全面發展提供可能的條件。如果說中國五千年的文化是圍繞著一個「道」，並且是主要論述「人道」來展開的，那也並不為過。從春秋戰國的諸子百家開始，就遵循這樣一個主旨，即如何使人們過上平定安詳的生活。在現在這個豐衣足食的年代，企業員工對於工作的本質、意義有了更深遠的思考，工作已經不僅僅是一種謀生的手段，工作對於組織的貢獻、對於社會的貢獻、對於心靈的慰藉遠大於經濟利益與物質補償。

3.2.3.2　中國傳統義利觀

「義」是指符合道德規範的思想或行為，「利」主要指的是物質利益。義利觀是對待「義」與「利」的態度、取向、看法等。在中國傳統文化中，「義」代表社會的整體利益，「利」主要指的是個體的利益，「義」與「利」的關係，也就是個體與團體、個人與國家的關係。社會中的個人是追求「利」，還是追求「義」呢？在不同歷史時期當然會有不同的回答，但是總體的方向是高度一致的。

先秦思想中，儒家認為，「君子喻於義，小人喻於利」「仁者人也，親親為大；義者宜也，尊賢為大」「何必曰利？亦有仁義而已矣」「不義而富且貴，於我如浮雲」。而墨家認為，「興天下之利，除天下之害」「兼相愛，交相利」，墨子甚至認為，追求「義」也是為了「利」，「義者，利也」。法家特別強調人們對利益的追求，但也多指社會利益和國家利益，而社會利益和國家利益也是某種意義上的「義」。因此，在先秦思想體系中，總體認為仁義重於利益。到了西漢，董仲舒提出「獨尊儒術」，他把儒家的重義輕利思想推到了極端，甚至達到了「貴義賤利」的程度，認為「正其誼（義）不謀其利，明其道不計其

功」。到了東漢，王充緩和了許多，主張義與利結合起來，而不偏愛於任何一方。兩宋時期，程顥、程頤及朱熹，把義利觀與理欲觀、公私觀結合起來，對儒家重義輕利的義利觀進行發展。特別是朱熹，他提出了「存天理、滅人欲」的論斷，「天理」，即「義」；「人欲」，即「利」，這又是一個義利觀的極端主張。明末清初，一些思想家如王夫之等人，主張把「義」和「利」結合起來，以便實現國家和民族的整體利益，對於私利則主張加以節制。

3.2.3.3 企業歷史使命與傳統義利觀的結合

企業歷史使命強調的「人道」、文化與技術的結合以及文化的交融等，實質上與中國傳統的義利觀的重義輕利、義為利先、義利結合的觀點是高度一致的。根據梅奧的觀點，人是社會的動物，每個人都具有社會屬性，工人不僅僅是肉體的人，還是社會的人，是具有情感和心靈需要的人。如果企業僅僅解決工人的肉體需要，而不能解決他們的精神和情感需要，工人就得不到滿足，就不會與企業合作，當然也不能發揮其積極性和創造性。如果人人爭利，為了自己的私欲而相互爭奪，一旦有人得不到滿足，就會產生種種抱怨，這對於企業當然是不利的，對個人的身心健康也是有害的。

企業更應該注重和實踐「義」。管理企業應該首先提高管理者的素質，企業領導者應關心員工的實際利益，不應該把員工當作實現利益的工具，而應該把員工作為有血有肉的人來看待。有些員工年輕時為企業做了很大的犧牲，當他們年老時，企業就不能棄之不顧；企業不能隨便克扣員工的工資；企業如果要實行獎勵制度，就要公平公開，不能讓辛勤和吃苦能幹者失望；更重要的是企業還要關心員工的情感和精神需求，教育他們、鼓勵他們，讓他們感覺自己生活在一個大家庭中，以身在公司為驕傲。關注人性的全面發展，以質量取勝，以售後服務為基

礎而使消費者放心，這樣可以贏得消費者的尊重，提高企業的聲譽。

企業不能只顧眼前利益，而要把眼光放長遠些。企業對待其他企業也不能不講「義」，不能靠打擊和不正當競爭獲勝，而應該從提高自身素質做起。除了做到這些之外，企業還應該注重社會「大義」，承擔相應的社會責任，獲得利潤的同時，不忘回饋社會。同時，從宏觀層面看，企業義利結合、承擔相應的社會責任也有利於強國富民，提高全民愛心意識，對國家富強、民族振興和建設社會主義和諧社會將起著重大的促進作用。把傳統的義利觀運用於現代企業管理，使每名員工不僅僅把眼光局限於金錢利益的獲取上，讓他們懂得人生的價值和意義，擔負起家庭、企業和社會責任。例如，榮氏企業的文化特徵主要有四個方面：一是人才戰略上敢為人先，多管齊下進行人才隊伍建設，用人之道重在實學；二是企業永葆創新動力；三是高度重視企業內部和諧與團隊意識的培育；四是強烈的社會責任意識。

3.3　企業社會責任對組織績效的影響及機理

3.3.1　企業社會責任對組織績效的影響概述

在國外，消費者、員工、供應商、社區、政府和一些股東鼓勵企業對企業社會責任進行更多的投資，一些公司已經加大對企業社會責任的投資，而另一些公司則抵制這種做法。抵制這種做法的公司認為，對企業社會責任的額外投資與利潤最大化存在矛盾。由此引發的爭論使學者們致力於檢驗企業社會責任與組織財務的關係研究。

此研究領域存在三種主流觀點：一是對社會負責任的企業的盈利能力最強；二是企業的財務績效對企業的社會表現起推動作用；三是企業社會表現、財務績效和企業聲譽三者之間是相互影響的。其中，尤以第一種觀點最為流行。伍德、瓊德、惠里、魯夫、柯林斯和波拉斯等人用實證研究等多種方法得出了近似的結論，即企業社會績效與其組織績效呈正相關關係，並且利於企業長期持續經營。典型的研究成果如下：瓦德克和格拉夫（Waddock & Graves，1997）的研究主要回答了三個問題，即企業社會責任與企業績效是否正相關？如果相關，它們之間是怎樣的相關形式？如果正相關，它們之間因果關係的方向又是什麼樣的？研究結果表明，它們之間是正向相關關係且因果關係是雙向的，即企業承擔社會責任可以提高企業績效，企業績效的提高能夠促進企業更好地承擔社會責任。

在國外，20世紀70年代中期就開始通過實證的方法來研究企業社會責任與企業財務績效的關係。研究結論表明，20世紀後30年的研究中，大部分的研究結果表明企業社會績效與企業財務績效成正相關關係。典型研究成果如下：弗洛曼（Frooman，1997）採用二手資料並且結合定量分析方法對企業社會責任影響企業績效的問題進行了實證研究，說明了企業承擔社會責任對企業績效有正向的影響作用。

在國內，近年來也出現了不少學者關於企業社會責任的研究成果。李正以中國上市公司為樣本，研究了企業社會責任的價值相關性問題。結果表明，從當期看，承擔社會責任越多的企業，其價值越低；但從長期看，承擔社會責任並不會降低企業價值。楊熠、沈洪濤也研究了公司社會責任信息的價值相關性。其研究發現，2002年以后，中國上市公司披露的社會責任信息開始具有正的價值相關性。王懷明等以上證180指數上市公司為研究樣本發現，中國上市公司對國家、投資者和公益事

業的社會責任貢獻與企業績效正相關，而對員工的社會責任貢獻與企業績效負相關。周建等以滬、深兩地上市公司為樣本，以企業相對國家、員工、投資者和社會公益貢獻率作為企業社會責任的評價指標，發現中國上市公司相對國家貢獻率與企業績效顯著正相關。溫素彬等按照資本形態的不同，將利益相關者劃分為貨幣資本利益相關者、人力資本利益相關者、生態資本利益相關者和社會資本利益相關者，構建了企業社會責任的利益相關者模型，並以中國46家上市公司2003—2007年數據為依據，運用面板數據模型，研究了企業社會責任與財務績效之間的關係。其研究表明，中國上市公司已經開始關注企業社會責任，但社會責任的披露信息仍然很少；大多數企業社會責任變量對當期財務績效的影響為負；長期來看，企業履行社會責任對其財務績效具有正向影響作用。

從國內外的研究成果看，企業社會責任對組織績效的影響大部分呈正向的影響。得出負向影響結論的研究主要是在早期的研究之中。因此，研究者目前對於企業社會責任和組織績效兩者之間的關係研究開始轉向影響的機理分析。

3.3.2 企業社會責任對於企業績效影響的機理

企業社會責任對於企業績效的影響主要通過社會資本、組織信任、組織學習等仲介進行傳導，進而產生正向的影響。

3.3.2.1 通過社會資本的傳導

制度理論認為，經濟行為嵌入於社會關係網路中，因此在轉型經濟體的交換關係中，社會關係網路往往起到了重要的作用。企業不僅與其商業夥伴結成社會關係網路，也與政府機構結成社會關係網路。利益相關者事實上構成了企業的社會網路與社會資本。企業承擔社會責任的行為，增加了企業的社會資本，並通過社會資本傳導產生正向的組織績效。

第一，有利於資源整合。從資源配置來看，企業社會資本有利於企業資源整合。市場經濟重要功能是優化資源配置，一個企業能夠實現好的資源配置，就容易在競爭中取勝。在市場經濟條件下，「看不見的手」從宏觀層面進行調控，而在微觀層面，作為經濟主體的企業是在與其利益相關者的關係網路中營運的。優質的社會網路和社會結構無疑對企業獲取資源、增強競爭力是有利而無害的。在日益複雜的國際經營環境中，一個企業的社會資本豐厚，具有優質的社會網路、具有較高的信任度，則有利於企業戰略聯盟的形成和維持，有利於企業獲得有效信息、捕捉市場機遇，有利於企業攝取更多的稀缺資源、獲得更大的生存與發展空間，從而在激烈的市場競爭中立於不敗之地。

第二，有利於降低交易成本。企業在市場交易過程中產生交易費用，這些費用包括搜尋信息、論證評估、討價還價、協議談判、招標投標、訂立契約、監督執行以及訴訟仲裁等費用。國外有學者開展的實踐研究表明，社會資本在減少組織交易成本方面起著重要作用。企業的關係網路作為非市場的制度安排，不僅擴大了單個企業的資源利用空間，還拓展了企業的信息渠道，這將節約企業的信息搜尋費用，使企業減少或避免盲目性。企業間的信任也能節省討價還價、協議談判、訂立契約、監督執行的時間和精力，消除溝通障礙，減少一些繁瑣的環節，從而降低交易成本，提高企業的收益。

第三，有利於節約管理費用。企業社會資本還有利於企業節約管理費用，從而達到增加企業利潤的目的。企業管理費用是企業成本的重要組成部分。影響管理費用的因素主要有管理的範圍、管理的程度、企業員工的流動性、員工和部門之間的合作程度與企業內部社會資本關聯性。在其他因素不變的條件下，員工越穩定、員工之間的合作程度越高，則企業的管理費

用越低，而企業管理費用的降低無疑會增加企業的利潤。因此，企業管理費用的節約和企業收益水平的提高與企業良好的社會資本水平呈正比例關係。

　　第四，有利於增強凝聚力。從企業內部來看，企業社會資本有利於增強企業凝聚力、調動員工積極性。企業是一個有機組織，企業能否有效運轉取決於組織內部共同合作的能力和員工的工作積極性。員工的積極性和合作精神與個人的心態有相當大的關係。員工之間的相互信任和讚賞能滿足員工社會交往、受尊重、自我實現等高層次的心理需要。同事對自己的認同以及自己對企業的認同等有助於員工良好心態的形成。源於職工之間的情感，如友誼；或者出於職工對企業的情感，如忠誠、信任等產生的一些不成文的規則就是企業的社會資本。企業內部社會資本的形成或積聚有利於彌補正式制度安排的不足，保證契約關係的自我實現，提高員工的忠誠度，從而盡量消除企業內耗現象，有效發揮企業員工的積極性和創造性。實證研究結果也表明，許多成功的企業很注意內部社會資本的累積，在公司形成良好的人際關係氛圍，從而提升企業的凝聚力。

　　第五，有利於技術創新。社會資本有利於企業進行技術創新，為企業保持持續競爭力提供動力。當今社會，信息技術革命使技術對企業效益的貢獻率迅速提高，新技術層出不窮，技術創新的跨領域特徵也日益明顯，要求不同領域與專門組織的參與及合作。單一公司、單一個體已經無法全面掌握與其業務相關的技術。在這種情況下，一個運行良好的網路和合作機制具有的創新能力將超過網路中的單個個體具有的能力總和。在企業內部，社會資本不足，企業員工之間的相互信任不夠，缺乏共同的溝通基礎，不能共享技能知識，就不可能有效地進行共同合作。沒有合作，企業創新也就難以實現。在企業外部，企業間的信任以及企業社會關係網路的發達，有利於企業之間

共享技術資源,加快企業技術創新的步伐,這在當今信息時代表現得尤為明顯。企業社會資本累積則有利於加強企業間的協調和聯繫,促進合作網路的形成,增強企業的技術創新能力。

3.3.2.2 通過組織信任的傳導

一般來說,組織信任可分為組織外信任和組織內信任兩種。組織外信任是指企業之外的利益相關者對本企業的信任。組織內信任包括員工與員工、員工與領導之間的信任以及員工對企業制度等架構性要素的信任。

企業的利益相關者通過獲取企業各種行為信息並與期望比較形成信任。一般來說,包括慈善、減少污染、對社區捐贈和服務等外在的企業社會責任更容易被媒體披露而使利益相關者覺察。因此,外部的企業社會責任體現了企業對社會、環境等外部環境的責任,也有利於利益相關者對企業進行評價,形成信任關係。布克霍爾茨(Buchholtz)認為企業社會責任對企業的聲譽和信任是前因變量,提高企業社會責任可以提高企業的信譽,並通過信譽影響企業的績效。威廉姆斯和巴雷特(Williams & Barrett)通過分析184家企業發現企業通過慈善活動可以提高企業的聲譽,並進一步提高企業績效。

組織內信任是組織內成員對其他成員及對組織本身的整體認知和信賴的程度。組織內信任包括了一般的人際信任和系統信任兩個方面。由於員工對組織及其他員工有心理的預期,並通過不斷調節自己的行為來適應與組織及其他員工的關係,並將自己的職業取向與企業的發展緊密結合起來。當企業較好地履行企業社會責任時,員工會瞭解到企業的公平制度、公正的薪酬水平、可靠的上升通道、好的領導方式和組織文化,從而提升員工之間的輕鬆組織氛圍,提高對組織和其他成員的信任。居里亞·康奈爾(Julia Connell)認為公平的制度是影響員工對組織及組織架構信任的重要因素,如設置進取型的組織目標、

清晰明瞭且簡單易懂的評價標準，可以刺激員工調整自身狀態，發揮聰明才智，為達成組織目標而努力。布朗（Brown）認為企業社會責任實踐可以讓員工信任組織及組織中的員工，減少員工對不確定環境的不信任，使員工更多地感受到組織的安全，從而提高對組織的信任。因此，組織的公平等良好的企業社會責任實踐可以給員工較高的心理安全感，促使員工有更多的創新意識和行為，並投入更多的精力等資源到組織工作中，這樣員工可以發揮自身特長和創造性提高組織績效。

3.3.2.3 通過組織學習的傳導

組織學習是指組織為了實現發展目標、提高核心競爭力而在獲取信息和知識等方面採取的各種行動，是組織不斷努力改變或重新設計自身以適應環境變化的過程。

西蒙斯（Simons）認為企業履行社會責任對組織學習有重要影響，企業社會責任發展過程便是組織學習過程。卡特爾（Carter）對供應商的自發性社會責任與其組織學習的關係進行了實證研究，結果表明企業履行社會責任有助於企業形成更加清晰的願景和戰略目標，有助於促進組織層面的知識分享，進而正向影響組織學習。王端旭和潘奇從組織學習的視角分析了組織學習在企業履行社會責任過程中的作用，認為企業通過組織學習能引導員工認同企業的社會責任價值觀並使之正確履行企業社會責任，進而推動企業績效的提升。

組織學習在企業社會責任對企業績效的影響中起仲介作用。企業社會責任可以通過發揮對組織學習的內驅作用形成責任文化，組織學習是企業社會公民意識覺醒的有效途徑，可以使員工認知、認同企業的社會責任，從而正確選擇履行社會責任的層次內容，最終將企業社會責任的履行轉化為企業經濟績效和社會績效的提升。

3.4 企業社會責任的邊界與有效性

3.4.1 企業社會責任的邊界

自企業社會責任思潮出現以來，關於企業社會責任的性質與邊界就一直處於爭論中。迄今為止，究竟什麼是企業社會責任、企業社會責任的具體表現是什麼、如何評價企業社會責任、如何讓企業接受並自覺履行社會責任等問題在理論界和實踐中並沒有形成共識。因為企業社會責任的性質不明確、邊界模糊，所以存在大量企業社會責任失範行為，而社會對企業承擔社會責任的期望要麼過低，如企業只需要實現利潤最大化；要麼過高，如將企業視為慈善組織，過分加重企業的責任負擔等。這些情況都不利於企業及社會經濟的健康發展。

羅賓斯和波斯特明確提出了企業社會責任的限制問題。羅賓斯認為企業社會責任行為受管理者社會責任意識和自由決定權兩方面的限制。管理者對社會責任的履行取決於他認為應對哪些人負責，同時還與管理者自由決定權的大小有關。只有其自由決定權沿著連續圖譜向右端移動，才能有承擔更大社會責任的行為。波斯特提出企業履行社會責任會受到合法性、成本、效率、範圍及複雜性的約束。首先，企業社會責任行為必須是合法的；其次，企業承擔社會責任必然要付出成本和代價，這些成本決定了企業不可能無限制地承擔社會責任；最后，企業在履行社會責任時，遇到諸如自然生態、公共健康、民族關係、宗教衝突等問題，這些問題的解決需要政府、企業、社會團體和個人的共同參與。這兩位學者從不同的視角闡述了企業在承擔社會責任時所面臨的約束，使企業社會責任限制開始成為一

個重要的理論問題而受到關注。企業承擔社會責任的程度不能一概而論，企業所處的時期不同，承擔社會責任的數量、種類、涉及面等也應有所差別。

企業社會責任的邊界應當包括兩個層面：第一，企業需要承擔哪些社會責任、相關責任的範疇與邊界是什麼？第二，作為整體的企業社會責任，其外部邊界在哪裡？當前對企業社會責任邊界的理解主要集中於對第一層面的問題的回答，而忽略了第二個層面的企業社會責任邊界問題。對於第一個層面的企業社會責任邊界問題，企業社會責任中的責任範疇主要包括五個方面，分別為人本責任、經濟責任、法律責任、倫理責任和環境責任。人本責任是在強調以人為本的時代主題下，對人的生命、健康和安全的尊重，是企業最基本、最核心的社會責任。經濟責任是企業排除股東利益最大化後如何實現資源有效配置的責任。法律責任主要是指企業應當遵守法律的強制性規定，在違法之後所要承擔的責任。倫理責任是一種非強制性責任，是企業從公民角度出發，基於人類普遍的、基本的道德規範，致力於社會進步與整個人類社會福利的提升。環境責任是在當前人類與資源環境關係緊張，甚至趨於惡化的背景下突出強調的企業應當保護環境、節約資源的責任。

對於第二個層面的企業社會責任邊界問題，作為整體的企業社會責任，其外部邊界是企業自身利益與社會利益的均衡點。這是企業在承擔社會責任的前提條件下，在其追求自身價值最大化的過程中實現的。其表現形式是企業並沒有因為實現價值最大化而對相關利益者的利益造成侵害，或者說沒有因為承擔社會責任而損害到自身價值最大化的實現。

3.4.2 企業社會責任的有效性與企業效率

關於企業社會責任的邊界，從企業管理的發展理論亦可以

尋找答案。在新古典經濟學看來，產出是與企業組織中每個人的決策行為無關的純技術性因素。企業生產要素的配置一旦確定，企業的效率也就確定，企業只要實現要素配置最優也就實現了效率最優。新制度企業理論將企業看作一種相比市場而言更加節約交易成本的制度安排。因此，企業效率的基本內涵也就相應地被理解為交易成本的節約。這兩種理論所存在的一個共同缺陷，就是缺乏對企業制度與其制度環境之間契合關係的考察。回顧歷史，企業演進是效率追求與制度環境選擇的統一；考察現實，有效率的企業制度安排與制度環境必然是高度「契合」的，即企業制度必須適應制度環境才能產生效率。新經濟社會學的嵌入理論和社會建構理論是對上述現象的敏銳發現和精闢概括。從制度整體主義視角出發，經濟組織、經濟制度和經濟生活其實是「嵌入」於社會網路當中的。企業制度不可能以某種必然的形式自動地產生，企業制度是「社會建構」的。因此，基於企業效率內涵的這一本質，企業與制度環境的契合既體現了社會對企業的要求，也反過來滿足了企業利潤（或效用）最大化函數的要求。制度環境應該是企業社會責任的「源邊界」。

在多元、開放的市場經濟條件下，企業的經濟效益顯然並不能代表效益的全部，而只是其中的一部分。由於個人的價值觀和生活背景不同，不同的人站在不同的立場上，對效率的評價也是不一樣的。在「損人利己」者眼裡，企業的效率就是企業個體的經濟效益，衡量企業效率的標準當然是看如何以最少的投入獲取最大的利潤，而全然不在乎其對股東之外的其他利益相關者所帶來的損害與破壞；而在「利人利己」者眼裡，企業效率就應該是企業個體效率與社會效率的統一，其衡量的標準是實現企業利潤與社會效益雙方面的最大化。由此可見，對效率的不同理解，會導致人們對效率的高低形成不同的衡量標

準,那麼關於企業社會責任會損害效率的看法也就站不住腳。

這樣看來,企業社會責任與「企業辦社會」似乎有許多相似之處,於是導致一些人把企業承擔社會責任誤認為「企業辦社會」,並將「企業辦社會」的低效率歸結到企業社會責任上來,以此來否定企業社會責任的合理性。「企業辦社會」淡漠了企業作為一個營利組織的主體性地位,顯然在更多成分上將企業歸結為政府的附屬物,在更多意義上將企業作為一種福利組織。「企業辦社會」在社會主義市場經濟條件下是缺少活力和動力的。再加上在企業尚未儲備足夠雄厚的實力之前強加給企業過重的負擔,更是會影響企業的效率。企業社會責任並沒有否認企業的自主性和企業的營利性質,企業社會責任只不過是倡導企業拋棄傳統的片面追求股東利潤最大化這種狹隘的思維和短淺的目光,而代之以立足於多元的、整體的思維,立足於企業的可持續發展;強調企業的生產經營活動要在追求股東利益的同時,兼顧企業其他利益相關者的利益,最終實現「多贏」和「共榮」的目標。這種經營模式適應市場經濟多元、開放特徵的要求,也符合可持續發展戰略,更是最大程度上滿足了企業所有利益相關者的不同願望,從而有利於企業與外部環境的良性互動、合作共榮,結果是有利於企業效率的提高,有利於企業長久而穩定的發展。

企業社會責任也是企業在效率與社會效益之間權衡的「自我調節」的結果。企業與利益相關者不斷互動,使企業將面臨的社會和環境融入他們的業務營運之中,「自我調節」是企業社會責任最合適的激勵機制。將「自我調節」納入企業社會責任的框架之中,有以下幾方面的優點:一是「自我調節」具有市場調節的作用,通過利益相關者之的博弈達到市場的動態均衡;二是適應於各種市場與企業、企業行為的情景模式;三是明確了激勵與約束的對象是利益相關者,告訴了企業履行社會責任

將會得到長期利益，而損害利益相關者的利益將會承受利益損失。因此，在全球供應鏈中，企業將探索供應鏈中的價值最大化與價值分配問題。

　　推行商業倫理，最便捷高效的辦法就是找到價值的契合點。企業履行社會責任如果能夠得到經濟回報，那麼在經濟領域內推行倫理觀就有了最佳的理由。儘管康德的實踐理性主義認為理性不應被當成謀劃和實現幸福的工具來使用，主張「人應當為了盡義務而盡義務」，但事實上，功利主義在企業實踐中一直居於主流地位。在社會責任與財務成果之間建立聯繫，關鍵是產生激勵機制。誠實善良、尊重他人往往能夠激發起感受者的信任、忠誠、感激、尊重等感情，如果感受者是企業內部員工，這些感受能夠鼓舞士氣、提高團隊凝聚力、提高干勁，並帶來更好的績效；如果感受者是消費者，那麼這些感受就能夠轉變為對品牌的信任與忠誠，提高品牌的信譽，從而增加產品附加值；如果感受者是供應商，那麼他們能對企業產生信任、幫助企業解決原材料質量問題等。因此，企業社會責任創造了價值。利益分配問題是供應鏈協同研究中最為突出的問題，只有公平合理的收益分配才能保證協同過程的順利進行和市場機會的敏捷回應。也就是說，公平合理的社會環境、市場環境反而提高了企業履行社會責任的積極性，反之則使企業履行社會責任的動力不足。

4 企業軟實力的內核：企業家精神

企業家這一概念由法國經濟學家理查德·坎蒂隆（Richard Cantillon）在18世紀30年代首次提出，即企業家使經濟資源的效率由低轉高。企業家精神是企業家特殊技能（包括精神和技巧）的集合。或者說，企業家精神指企業家組織建立和經營管理企業的綜合才能的表述方式，是一種重要而特殊的無形生產要素，是企業軟實力、核心競爭力的內核，是企業核心競爭力的唯一真實來源。

4.1 企業家理論與企業家精神

4.1.1 企業家理論

4.1.1.1 企業家的內涵

坎提隆於1755年在其著作《商業概論》中認為企業家的職能是冒著風險從事市場交換，即在某一既定價格下買進商品，在另一不確定的價格下賣出商品，企業家所獲得的是不確定收益。根據他的觀點，企業家就是在市場中充分利用未被他人認識的獲利機會並成就一番事業的人。法國經濟學家薩伊把企業

家看成繼土地、勞動、資本之后的第四生產要素。英國經濟學家阿爾弗雷德·馬歇爾認為企業家是以自己的創造力、洞察力和領導力，發現和消除市場的不均衡，創造交易和效用的人。20世紀初期，美籍奧地利經濟學家約瑟夫·熊彼特指出企業家就是「經濟發展的發動機」，是能夠「實現生產要素重新組合」的創新者。熊彼特把新組合的實現稱為「企業」，把職能是實現新組合的人稱為企業家。企業家是創新過程的組織者和始作俑者，通過創造性地打破市場均衡，才會出現企業家獲取超額利潤的機會。

之后，科斯認為在一個競爭性體制中替代價格機制指揮資源的人或人們便可稱為企業家。伊迪絲·彭羅斯認為企業家是以自己的洞察力去認清環境條件和企業潛力，找出未被利用的企業活動余地（生產機會）的那些人。哈維·雷本斯坦認為企業家就是統籌、調節市場交易中已經發揮作用的領域和尚未發揮作用的領域之間的關係的人。卡森認為企業家是擅長對稀缺資源的協調利用做出明智決斷的人，是一個「市場的創造者」。彼得·德魯克指出企業家就是有下述四個方面特點的人，即大幅度提高資源的產出、創造出新穎而與眾不同的東西而改變價值、開創了新市場和新顧客群、視變化為常態。德魯克認為企業家總是尋找變化，對變化作出反應，並將變化視為機遇而加以利用。

綜上所述，企業家是指這樣一個群體，即能夠協調和利用各種社會資源、識別、利用、創造各種市場機會，其領導的企業的價值觀與行為規範具有廣泛的社會影響力，使得市場中各種要素在一種動態的平衡過程中不斷創造社會價值。

4.1.1.2　企業家資源

經濟學把為了創造財富而投入生產活動中的一切要素稱為資源。要素資源可以分為自然資源、資本資源、信息資源、時

間資源、人力資源等。人力資源中那些具有一定的知識或技能，能夠進行創造性勞動，為社會文明進步做出積極貢獻的人們的集合稱為人才資源。人才資源中具有較多的企業家型人力資本存量，表現出較強的資源配置能力、創新能力、經營管理能力的人才的集合稱為企業家資源。企業家資源作為承擔、履行並有效實現企業家職能的人才總體集合，乃是對現代經濟發展起關鍵作用的核心要素資源之一。

根據資產所有權、經營控制權的高低，可以將企業家分為四種類型。第一種是低經營控制權、低資產所有權的群體，一般是高級經理人員。由於他們具有成長性，在企業的權能、職能、才能不斷發生變化，可以成長為內企業家或獨立企業家，故可稱為「準企業家」。第二種是高資產所有權、低經營控制權的群體，一般是股東，特殊情況下，其中的有才能者也可以出任和成為獨立企業家或內企業家。第三種是低資產所有權、高經營控制權的群體，稱為內企業家，執掌企業經營管理的權力大、地位高，指揮經營整個企業，有的有一定股權，有的則沒有股權，但都沒有企業的支配性財產權。現代企業制度兩權分離治理模式中的企業家，是靠激勵約束機制和委託代理關係維繫的。第四種是高資產所有權、高經營控制權的群體，稱為獨立企業家。不同類型的企業家，其資源稟賦是不一樣的。

企業家資源具有以下幾方面的特點：一是企業家資源具有源動性。企業家資源是一種能動的資源，是生產要素中的最革命、最活躍的要素，更是人力資源中的統率力量。也就是說，企業家資源對於其他資源效能具有一種原始促動力和槓桿放大效用，是企業效率與效益的重要源泉之一。二是企業家資源具有稀缺性。企業家資源作為特殊的人力資源屬於再生週期很長的一種資源，有著比一般勞動力更艱難、更長期的孕育、發掘、鍛煉成才的過程。而企業家天賦和才能並不是任何人經過學習

和訓練都能夠掌握的，他們在經濟活動中具有出眾的膽識、勇氣、毅力和洞察力，能夠通過創新活動，合理配置資源，不斷發現更有價值的市場機會，吸引和組織人們成就偉大的事業，這種能力是稀缺的。三是企業家資源具有不可替代性。其他人才的天賦和才能並不能作為企業家天賦和才能的替代品，其他人力資源和經濟資源的豐富供給也同樣不具備對企業家資源的替代效應。四是企業家資源具有難以模仿性。不可交易的知識、技能、經驗、意識、素質等企業家才幹和企業家精神的隱密特性，使其難以被模仿。五是企業家資源具有關鍵性。企業家資源是企業全部經濟資源或生產要素中的靈魂，起著組織、指揮、統率的支配作用。

企業家資源的發展可以促使企業家個體的自我完善和人的全面發展，修煉以下企業家的必備素質：健康的身體，超越常人的概括和綜合能力；廣博的知識並精通本行、本專業；有很強的自信心，有敢冒風險的勇氣；公平的人際關係策略，與人和諧相處，依賴下屬並善於聽取意見；保持安穩、平和的情緒；等等。企業家最終達到在經濟活動中的獨特角色賦予自身的特殊行為規定性和精神境界，成為市場經濟條件下素質超群、績效卓著、敢於承擔風險、勇於開拓創新的企業管理專家，從而有效提高企業核心競爭力，促進與推動社會的經濟增長與進步。

4.1.2 企業家精神

4.1.2.1 企業家精神的內涵

企業家是賦予資源以生產財富的能力的人，那麼企業家的這種能力是從哪裡來的？企業家的這種能力既不是天生的，也不是學來的，而是在企業家精神的激勵下通過實踐累積的。在所有具有核心競爭力的成功企業中，企業家精神在企業軟實力的形成機制中起著決定性的作用。

第一，從個人素質來看企業家精神。

大多數學者將企業家精神當成一個企業家的個人素質。新古典經濟學代表人物馬歇爾認為企業家精神是一種心理特徵，主要包括果斷、機智、謹慎和堅定以及自力更生、堅強、敏捷並富有進取心，對優越性具有強烈的願望。奈特認為企業家精神是在不可靠的情況中，以最能動的、最富有創造性的活動去開闢道路的創造精神和勇於承擔風險的精神。在熊比特眼中，企業家精神是一種經濟首創精神，代表著一種適應市場挑戰不斷進行創新活動的品質。

黃夢妮認為企業家精神是一種企業家自身所獨有的個人價值觀、思想方式以及個人素質，並且將這些體現在實踐中的綜合精神品質，主要包括創新精神、冒險精神、合作精神、進取精神、社會責任等。同時，她認為只有一個企業家注重其自身精神的培養，才能在市場競爭中占據領先地位。侯錫林認為企業家精神的本質就是機會意識、創新精神與理性的冒險精神的有機結合。他發現企業家的作用就在於創新或實現新的組合。從一般意義上講，企業家是一批為了獲取利潤而去開拓市場、承擔風險、帶動經濟發展的人。企業家之所以成為經濟發展的發動機和動力之源，主要源於他們的企業家精神。

第二，從集體價值觀來看企業家精神。

加特納認為企業家精神就是「創造組織」，而且他一直謹慎地表示這一提法是為了跳出有關企業家精神定義的爭論，是為了更好地表達「企業家做什麼，而不是糾纏於誰是企業家」。他還進一步將學者對企業家精神領域的研究劃分為兩部分：一部分學者主要關注企業家精神中所凸顯的性格因素（如創新、增長、獨一無二等）；另一部分學者則強調企業家精神導致的結果（如價值創造）。貝格羅曼認為企業家精神是企業借助新的資源組合實現多元化發展的過程，從而將資源的範圍界定為與企業

現有資源的範圍無關或者相關性很小。桑德貝格從戰略的角度提出了企業家精神的概念，即企業家精神是戰略管理領域的「交接核心」。希特則關注於企業家精神與戰略管理領域相互交叉的幾大領域——革新、組織關係網路、國際化、組織學習、高級管理團隊和控制、成長性、適應性和變革性。

張大紅指出企業家精神既是企業家個人的精神表現，也具有企業精神的性質。企業家精神在很多情況下是與企業精神交融在一起的，企業家精神就是企業精神的個體體現，企業精神則是企業家精神的擴展性表達。汪岩橋和陳海紅認為企業家精神是現代市場精神的集中反應。與其他優秀精神不同，企業家精神是一種與工業文明和市場經濟緊密聯繫的現代優秀文化精神。龐大的中小企業家群體只有在這種精神指導下，才能彌補物質資本、土地資本、金融資本、知識資本等的不足，創造輝煌。

4.1.2.2　企業家精神的表現

研究者將企業家具有的某些特徵歸納為企業家精神，其中包括競爭、創新、冒險、責任、誠信、合作、務實、勤奮、創業、敬業、學習、拼搏、執著等幾大要素。企業家精神主要的表現形態如下：

第一，創業精神。一方面，在現代社會，企業家已經成為推動經濟社會發展的主要力量之一。企業是社會最重要的細胞，企業家是社會的細胞核，企業家精神就是社會的基因，提倡並呼籲企業家精神就是要引起全社會對企業和企業家的高度重視。另一方面，由於現代經濟發展的新特點，生產力的基本要素，除了依賴傳統的土地、資本、勞動力三要素，知識、科學、技術、組織、流程和創意、創新、創造等無形生產要素，通過創業活動可以轉化為生產力。

第二，敬業精神。傳統的「重義輕利」的價值取向逐漸地

被「義利並重」的價值取向所替代，人們更注重於以運用才智賺錢和創辦實業的企業家精神為尺度，來評價人們的行動。正是在這樣的經濟價值觀的引導下，企業家精神獲得生成、生長、昇華的良好契機。功利價值標準的激勵使企業家把創造價值實現財富增長作為事業成功的籌碼，甘冒風險，勇於競爭，不斷累積經營管理企業的經驗，培養非凡的創新能力，摘取成功的果實，從而有效刺激社會個體對經濟利益的慾望。優秀企業家志向遠大、眼光獨到，對事業的追求永不松懈，將敬業當成自己的責任。

第三，信託精神。現代觀點認為企業家是一個責權利的結合體，他需要體現員工、消費者、供應商、經銷商等多方面的意志，必須同時考慮公平與效率、經濟效益與社會效益、保護環境與企業發展以及企業的長期利益與短期利益、國家利益與企業利益、企業利益與員工利益、企業利益與相關者利益等問題，企業家事實上是各種利益相關者的信託人。企業家只有自覺地提高道德修養，提升道德認知、道德選擇、道德評價方面的能力，才能不斷提升與超越，實現自己的信託責任。

第四，競合精神。根據達爾文的進化論，在自然系統中存在優勝劣汰的生態進化規則，而這一規則在社會系統中同樣適用。由於生產資源的有限性、稀缺性、難以再生性與社會實際需求的邊界性，使得企業與企業家不得不與競爭對手爭奪資源、市場與客戶。如何以最少的資源消耗，生產豐富多樣、功能適用、價廉物美、安全可靠、用戶需要的產品，始終是企業家窮盡一生的追求。正是因為競爭，才不斷湧現先進的生產方式，生產效率不斷提高，生產力水平不斷提高。同時，企業家天生是一個合作者，包括對內合作與對外合作。企業家善於在企業內部建立和培養真正有效的團隊精神。一個好的企業家能使廣大員工認同企業文化，能善用他人之長、團結他人，能使全體

成員齊心協力達成企業目標。在企業外部，全球經濟一體化已成為不可阻擋的趨勢，區域間經濟合作日益加強，行業壁壘逐步消失，企業家敢於並善於與外部企業、供應商、經銷商、政府等單位合作。

第五，冒險精神。一個企業經營者，要想獲得成功，成為一名傑出的企業家，必須要有冒險精神。對一個企業和企業家來說，不敢冒險才是最大的風險。企業家的冒險精神主要表現在企業戰略的制定與實施、企業生產能力的擴張和縮小、新技術的開發與運用、新市場的開闢、生產品種的增加和淘汰、產品價格的提高或降低等方面。從多數研究者的結論來看，企業家精神往往與風險、不確定性聯繫在一起。

第六，學習精神。學習與智商相輔相成，以系統思考的角度來看，從企業家到整個企業必須是持續學習、全員學習、團隊學習和終生學習。日本企業的學習精神尤為可貴，他們向愛德華茲·戴明學習質量和品牌管理，向約琴夫·M.朱蘭學習組織生產，向彼得·德魯克學習市場營銷及管理。同樣，美國企業也在虛心學習，其企業流程再造和扁平化組織正是學習日本的團隊精神結出的碩果。彼德·聖吉的學習型組織的學說將團隊學習、持續改進納入企業精神之中，這是企業家精神的擴散與傳播。

第七，誠信精神。企業家在修煉領導藝術的所有原則中，誠信是絕對不能忽視的原則。市場經濟是法制經濟，更是信用經濟、誠信經濟。沒有誠信的商業社會，將充滿極大的道德風險，顯著抬高交易成本，造成社會資源的巨大浪費。

第八，執著精神。英特爾前總裁格魯夫有句名言：「只有偏執狂才能生存。」只有堅持不懈持續不斷地創新，以誇父追日般的執著，咬定青山不放鬆，才可能穩操勝券。在發生經濟危機時，企業家是唯一不能退出企業的人。任正非領導的華為，堅持

技術研發與市場應用相結合，一家企業的研發投入比其他數百家優秀企業的總研發投入還要高，現在的華為已經是碩果累累，蘋果公司、三星公司等巨頭每年均需要向其支付不菲的專利、技術許可費用。

4.2 企業家精神對組織績效的影響（基於組織學習與創新）

4.2.1 企業家精神通過仲介對組織績效的影響

企業家精神能夠提升企業績效，對企業績效具有顯著正向影響，這已得到學者們的理論研究與實證研究的驗證。郭惠玲的研究表明企業家創新精神和積極主動精神對企業績效具有正向影響。彼得斯和沃特曼（Peters & Waterman）的研究表明企業家精神可以對企業的財務績效有較大幅度的提升。馬衛東等的研究表明了企業家精神發揮得越充分，越有利於企業績效的提升。企業家精神的靈魂是創新精神，創新能力越強，那麼企業家精神的作用就發揮得越好；企業的創新能力能夠使企業建立起核心競爭力與競爭優勢，從而使得企業的業績有很大的提升。與此同時，企業家精神均富含開創精神，因此企業能夠快速地預測市場需求，並且及時採取適當的行動。這樣企業就能夠掌握主動權，做到先入為主，形成壟斷利潤。

企業家精神是如何來促進組織績效的呢？研究表明企業家精神通過組織學習、組織創新來提高組織績效。研究者對於企業家精神與組織學習之間的關係做了大量的理論分析和實證研究，取得了很多有價值的成果。陽志梅的實證研究結果表明企業家精神對組織學習能力有顯著的正向影響。戴絲（Dess）等提出關於企業家精神及探討知識和組織學習的週期性模型，用

該模型表明企業家精神對組織學習確實存在著顯著的正向影響。企業所處的環境時刻都在發生著變化，企業要很好地適應環境，及時應對和預測環境的變化，就需要持續不斷地學習。那麼在一個企業中，企業家精神所提供的積極向上的價值觀，肯定會在該企業文化中得到長期深入發展。這種融入了企業家精神積極向上的企業文化和鼓勵組織不斷學習的價值觀念，在實踐中就會轉化為員工不斷學習的動力並促使員工形成良好的學習氛圍，員工也必然會取得有價值的學習成果。

關於企業家精神與組織創新之間的關係，目前實證研究比較少，學者們大都通過理論分析與案例分析進行研究。例如，陳雲娟通過對浙商的調查分析發現，提升民營企業創新能力的動力源泉是企業家精神；孫誠等的理論分析認為提升企業家精神素質是實現企業自主創新的重要途徑。企業的任何創新都是企業家的固有職能。因此，企業家精神對組織創新的作用歸結於三個方面：一是企業家精神中富含開創精神，具有組織創新活動的動機；二是企業家精神中還具有冒險成分，提供了個人活動的倫理準則以及開展創新活動的倫理規範；三是企業家精神的靈魂是創新精神，傳遞著積極向上的價值觀，有利於企業塑造創新型企業文化。

進一步來看，企業家精神又是如何來提高組織學習與創新能力的呢？研究發現，知識資本、社會網路在其中起到了關鍵的作用。知識資本、社會網路、組織學習、組織創新在企業家精神與組織績效之間發揮了仲介橋樑作用，上述四方面的要素同時又是組織文化、企業社會責任的核心部分（如圖4.1所示）。

知識是創新的基礎，組織學習是獲取知識的最佳途徑，為了獲取有價值的知識，也需要組織創新。組織創新實質上是自發性行為改變，其目的是賦予組織新觀點、新思想，並且受組

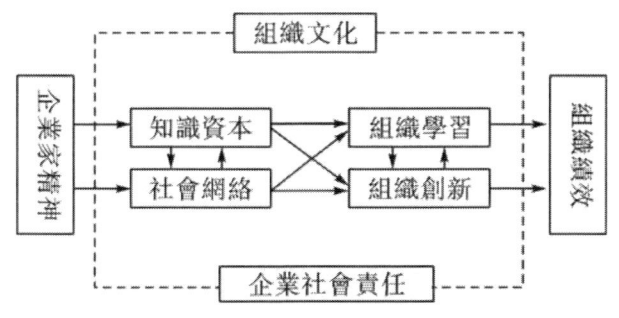

圖 4.1 企業家精神與組織績效（仲介的影響）

織學習氣氛的影響。大量研究結果驗證了組織學習的能力分別與技術創新和管理創新之間存在顯著的正向關係，即組織學習是組織創新的源泉。組織創新能力強的企業能夠更準確地預測和滿足市場需求，能夠更快速地將新產品投放市場獲得利潤。此外，組織創新所帶來的附加價值（新觀點、新思想）賦予員工新的知識、新的技能，而這些新的知識、新的技能是提高工作效率、提升企業績效的重要保證。社會網路是組織獲取知識的重要途徑，知識資本除了本身可以促進組織學習與組織創新之外，也會形成一種外向的引力，使外部智力資源更加進一步向該組織聚集，這需要社會網路發揮作用。

4.2.2 企業家精神與組織學習

學習是創新的前提和基礎，創新對學習又形成壓力與動力的雙向作用機制。組織學習與組織創新是組織績效持續提高的根本保證，而企業家精神則通過企業文化、企業社會責任的環境塑造，施加影響於組織學習、組織創新。當前，企業家越來越重視個人學習和創新能力的提高，往往使個人學習和創新能力的提高受到的重視程度高於企業學習能力。一般來說，組織學習能力受到的重視程度高於企業領導人個人學習能力的企業，自主創新能力和競爭優勢相對更強。雖然企業家個人學習能力

和組織學習能力對企業自主創新成效和競爭優勢都有正面影響，但組織學習能力影響更大。

組織學習能力是企業根據組織內外的發展變化和需要，不斷吸收、內化、共享和創造知識的持續過程，是企業獲得核心競爭優勢和創新優勢的關鍵和根本，其最終結果是組織實現知識的不斷更新以及創新能力不斷增強。呂毓芳基於收集的臺灣新竹科學工業園區數據，對領導行為、組織學習能力和創新績效三者之間的關係進行了研究，研究結果表明企業家的領導行為通過組織學習能力對組織創新績效產生推動作用。

企業家的能力可以表現為個人的學習能力，而公司的努力可以外在表現為組織的學習能力。企業家能力與公司努力的關係十分複雜，兩者在一定條件下可以相互轉化。企業家能力較強，付出較大的努力能有更多的收穫，於是可以把企業家能力巧妙地放在應該付出公司努力的位置，這時企業家能力轉化為公司努力。公司努力程度越高，企業家能力提高得越快。當公司更努力，企業家能力更高時，公司努力就成功向企業家能力轉化。公司努力程度和效果與企業家所處環境、個人素質、努力的激勵方式和強度、企業發展勢態、經濟發展勢態等密切相關。

企業家學習能力分為五類：一是適應性學習能力，即適應環境的變化並採取適宜的應對措施能力；二是創新性學習能力，即企業家能夠結合自身特點，產生新思想，進行創造性學習能力；三是流程性學習能力，即企業家在組織學習中建立一套完備的流程體系，以作為組織學習的信息獲取、傳遞以及共享的載體；四是信息技術能力，即企業家通過動用和配置組織信息技術資源整合組織其他資源的能力；五是價值觀與自身修為的學習能力，即企業家不斷完善與提高自己的道德水平、社會責任，引領社會先進文化觀念與價值觀念的能力，其目的在於提

升企業對於社會的綜合貢獻能力。

　　組織學習能力分為三類：一是組織內領導者產生並推廣有影響力思想的能力。領導者必須能產生有影響力的思想，並能將思想推而廣之，而學習成果也能跨越若干邊界實現共享，組織學習活動才能夠開展。只有在產生和推廣的思想具有影響力時，組織才具有創造性學習能力，能對組織內部隱含知識進行挖掘。二是組織通過調整自己的內在結構以適應變化的外部環境的能力。該類組織學習重視解決問題、適應變化的能力，強調學習能力對於組織應對環境變化的重要作用，但忽視了吸收、學習知識的能力，未能反應出組織學習的基本內涵與作用。三是組織吸收、消化知識的能力，而解決問題的能力則是組織創造新知識的能力。該類組織學習能力需要兩個主要條件，即組織的知識庫和學習的強度。顯然，第一類學習能力是組織領導者學習能力與企業家精神的集合，而只有當上述三類學習能力協同發揮作用時，組織的學習能力才能上升到一個較高的層次，對組織績效產生持久的正向影響。

　　組織學習能力與吸收能力是不能分割的，只有學習能力沒有吸收能力，新知識還是不能夠成為組織創新的源泉。吸收能力是指企業認識外部新知識、消化新知識並將其應用於商業目的的能力。對於認識和消化新知識，組織邊界和組織內部各單元邊界之間的「看門人」至關重要。「看門人」是指處於組織知識網路結點位置的組織成員。組織知識網路是知識資本、社會網路中的內部網路的結合，從圖 4.1 可以看出，企業家精神通過影響組織知識網路中的各個結點「看門人」，提高組織的學習能力與創新能力。

4.2.3　企業家精神與組織創新能力

　　一個真正的企業家一定是富有創新精神的，創新精神是企

業家精神的核心,企業的一切自主創新都是與企業家精神緊密聯繫在一起的。組織創新是企業不竭的動力,是企業發展壯大的源泉。一個成功企業的成長過程其實就是一個不斷創新的過程,不僅僅是產品和技術的創新,還包括相應的企業管理組織、企業文化以及資金、市場、人力資源運作等全方位的創新。

企業家精神對組織創新的作用歸結於三個方面:一是企業家精神中富含開創精神,具有組織創新活動的動機;二是企業家精神中還具有冒險成分,提供了個人活動的倫理準則以及開展創新活動的倫理規範;三是企業家精神的靈魂是創新精神,傳遞著積極向上的價值觀,有利於企業塑造創新型企業文化。

企業家的創新精神首先表現為創新意識與創新觀念。創新意識是企業家的一種本能,有創新意識的企業家,往往能準確而不失時機地在瞬息萬變、險象環生的市場經濟環境中尋找和發現機會。因此,企業家的創新意識是組織創新的必然要求。創新觀念是組織創新的基礎,有一套完整的理論體系,包括創新價值觀、創新經營理念觀、創新市場營銷觀、創新企業效益觀、創新企業品牌形象觀、創新企業戰略觀等。

企業家的創新精神其次表現為企業善於優化內外部資源,實現資源、利益共享的合作機制的創立,只有在這種合作機制下,企業才能不斷去發現與創造市場機會。合作是企業家精神的精華,合作就是把各家的優點和長處綜合起來,把力量集中起來,達到優化資源配置的目的。這種合作精神使企業家在企業的發展進程中能夠處理好各種利益關係,有利於利益共享的實現。

企業家的創新精神最后表現為敬業精神與社會責任感的實踐。企業家的敬業精神使企業家樹立遠大目標,進行艱苦創業和不懈的努力,把經營好企業當成自己一生的職業和追求。這種敬業精神使企業家依據市場需求,用最為經濟、有效的方式

實現這種需求。企業家的社會責任感促使企業增強使命感，不斷提高社會服務能力與貢獻能力。因此，創新意識與創新觀念、共享經營機制、敬業精神與社會責任感是企業家精神與組織創新能力相互影響的結果。

4.3 知識資本、社會網路與企業創新能力的關係

4.3.1 知識資本、社會網路與企業創新能力的概述

4.3.1.1 企業創新能力

對於企業創新能力的界定，國內外學者有不同的觀點，這些觀點概括起來主要有兩類。從狹義上看，企業創新能力一般指技術創新能力。巴頓（Barton）揭示了技術創新能力的核心內容，認為企業技術創新能力的核心是掌握專業知識的員工、技術與管理系統的能力、企業的價值觀。但是制度創新能為企業創新提供制度化的動力，更加滿足企業創新的要求。因此，單方面地從技術創新分析企業創新有所欠缺。從廣義上看，企業創新能力包括的範圍非常廣泛，是技術創新能力、制度創新能力、營銷創新能力等有助於創新實現的各種要素創新能力的總和。張勇將企業創新能力定義為企業多種資源、多種能力複合的結果。也有人將企業創新能力界定為企業搜尋、識別、獲得外部新知識，或發現已有知識的新組合，或發現知識的新應用，進而產生能創造市場價值的內生性新知識所需要的一系列戰略、組織、技術和市場慣例。因此，按企業創新能力的系統論原理將企業創新能力劃分為技術創新和制度創新。技術創新包含技術進步與應用，是一個從產生新產品或新工藝的設想到市場應用的完整過程。制度創新是對企業現有的體制及其運行機制進

行改革，以提高激勵和約束的水平和效率，並獲得額外的利益。

4.3.1.2 社會網路

關於社會網路的研究起源於人類學家發現傳統角色定位的結構功能理論無法解釋複雜社會中的人際關係。之后巴恩斯和布特（Barnes & Bott）對網路概念進行探討，但直到20世紀五六十年代社會網路理論才出現，更是直到20世紀90年代社會網路理論才受到企業研究者的關注。社會網路的作用機制體現在通過網路內部成員共享信息、分擔風險、減少機會主義行為來改善集體決策，進而影響企業創新能力。社會網路本身具有信息分享能力，那麼處於同一社會網路內部的行動者可以通過吸收知識和技能增加自身的知識資本。本書認為社會網路由團隊成員間的關係總和與企業外其他行為主體（客戶、供應商、競爭者、政府部門、大學與科研機構、仲介和金融服務機構、其他輔助機構）的合作關係組成，並能滿足企業獲取所需的創新資源、信息等，最終實現創新目的。因此，根據克里斯托弗和凱文（Christopher & Kevin）的一項研究將社會網路從企業內、外部空間上分為內部社會網路和外部社會網路。內部社會網路關注員工、團隊、組織之間交換、傳遞知識和資源；外部社會網路關注企業與利益相關者之間開發和利用無形的社會資本。在此基礎上以及借鑑吳勝男等的研究結果，可以引入社會網路的動態因素，從網路的規模、網路的密度、網路的仲介中心度三個方面測量內外部社會網路。網路的規模是指網路中包含的全部主體的數量；網路的密度是指網路中的聯繫數量與網路中的潛在聯繫數量的比值；網路的仲介中心度是指某一個主體出現在網路中任意兩個主體最短路徑上的能力，用以測量主體對資源的控制程度。

4.3.1.3 知識資本

在知識經濟時代，知識已經成為企業戰略性資源和企業創

新能力的基礎。第一個提出知識資本概念的是加爾布雷思，之後有斯維比、布魯金、埃德文森等對知識資本概念進行了研究，至今為止尚未形成一個統一的、明確的概念。但從文獻資料中可以總結出知識資本具有無形性、無限增值性、不可量化等特性。劉谷金和盛小平在《論知識資本價值的測量》中提到斯圖爾特提出的關於知識資本的「H-S-C結構模型」，即知識資本是由人力資本、結構資本、顧客資本構成的。邦迪斯（Bontis）則將供應商、競爭者、大學與科研機構、政府部門等企業利益相關者引入知識資本中，將顧客資本發展成關係資本，不僅包括顧客，還包括企業其他利益相關者。因此，知識資本包括人力資本、結構資本、關係資本，其作為企業的一組無形資產，對企業創新能力有重要的作用和意義。人力資本是知識資本系統中最重要的、具有能動作用的要素，企業內部知識的創造與外部知識的獲取均源於其能動作用。結構資本是指存在於組織之中的保證企業正常、有序運轉的知識因素，如企業結構、企業慣例、企業文化等，能為企業員工工作和交流提供一個和諧的大環境。關係資本是指企業擁有的關於市場渠道的知識和所建立的關係網路，有利於企業從外部獲取知識，促進內部知識的累積。

4.3.2 社會網路、知識資本與企業創新能力的關係模型

企業創新能力的提升是一個不斷聚集知識的過程。依據知識資本理論，提升企業創新能力應當考察企業所擁有和一定程度上由組織所控制或能為企業所用的知識要素。而企業的社會網路是企業獲取知識的重要渠道。社會網路、知識資本與企業創新能力三者的有效整合，為如何提升企業創新能力提供了重要思路。本書同時考慮社會網路與知識資本對企業創新能力的影響所持的基本假設是：社會網路除了能直接影響企業創新能

力之外，還能夠促進知識資本的形成、累積及其作用的發揮，間接影響企業創新能力。這為分析企業創新能力提供了一個新的角度。具體來說，內外部社會網路對企業技術、制度創新和知識資本的各個構成要素的影響程度是不一樣的。知識資本的各個構成要素之間存在著相互作用的關係，它們既有可能對企業技術、制度創新有直接而顯著的作用，也有可能通過彼此間的相互作用關係，直接或間接地影響企業技術、制度創新。在此基礎上，本書提出社會網路、知識資本與企業創新能力的關係模型（如圖 4.2 所示）。

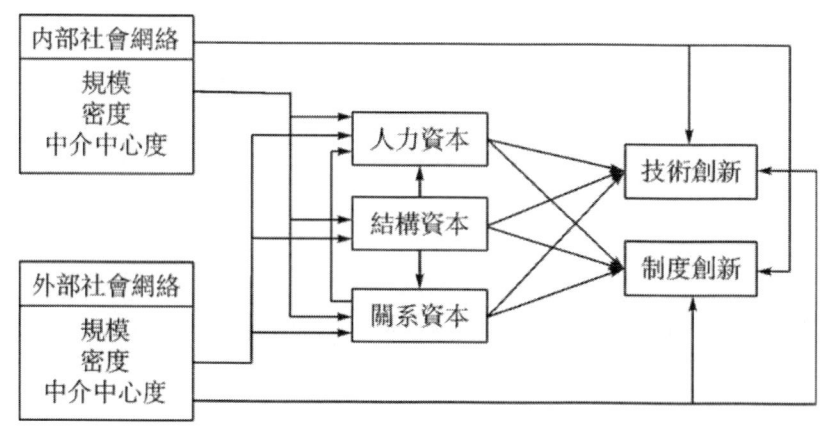

圖 4.2　社會網路、知識資本與企業創新能力的關係模型

4.3.2.1　社會網路與企業創新能力

內外部社會網路可能從不同的路徑影響企業創新能力。內部社會網路對企業創新能力的影響作用體現在：第一，高效的企業內部社會網路有利於企業培養共同價值觀、營造高度信任的文化氛圍，指明企業整體戰略方向，組織創新活動，提升企業技術和制度創新能力。烏西（Uzzi）的研究結果表明內部社會網路影響企業技術、制度創新，驗證了內部社會網路的成員會因為經常交流感想而提高獲得資源許可的支持，並會改善信息的收集能力，從而加強在複雜環境中的競爭優勢。第二，管

理者與員工之間良好的關係可以帶來相互的信任、尊重、內化共同目標，促使員工願意付出額外的努力從事企業並未明確界定的任務，這不僅有利於企業提升技術創新能力，還推動企業進行制度方面的創新。第三，內部社會網路的規模能為企業帶來非線性效益，網路的密度會影響到員工、部門、團隊的態度和行為，網路的仲介中心度可以確定在企業裡發揮重要作用的關鍵人物，會促使企業組織制度創新以提高員工滿意度，發揮核心者的橋樑作用，進而有利於推動企業技術創新。

企業外部社會網路中各個主體具有各種不同的資源、信息，前後一致的、緊密的外部社會網路可以幫助企業成功地達到目標。基於外部網路視角，提高企業創新能力的關鍵是如何構建、保持和擴大外部社會網路的規模，合理、有效地利用外部社會網路。有學者（Nerkar & Paruchuri）的案例研究結果表明：企業能否從其他行為主體獲取信息與資源，並有效實現創新，在很大程度上依賴於企業與其他利益相關者之間的網路關係。與客戶、供應商、競爭對手、政府部門、大學與科研機構、金融與仲介服務機構等的聯繫越緊密，企業創新的來源就越豐富，其創新方式也越多，進而會加快企業技術、制度創新的速度。外部社會網路的規模、密度和仲介中心度會影響到企業運作的慣例和流程，進而影響企業技術和制度方面的創新。汪蕾等的實證研究結果表明企業外部社會網路的某些特徵通過創新資源的部分仲介作用，影響企業的創新績效；企業通過外部社會網路獲取創新資源，形成自身獨特的、難以被競爭對手模仿的競爭優勢，從而能持續不斷地提高企業技術創新能力。

4.3.2.2　知識資本與企業創新能力

知識資本已經成為繼財務資本和勞務資本之後，推動企業不斷發展的「第三資源」，企業創新能力的提升更是直接取決於對知識資本的管理。陳豔豔和王國順的研究結果表明知識資本

的構成要素對企業創新能力的作用不同。邦迪斯（Bontis）的研究結果則表明結構資本與關係資本對組織績效有著顯著性的影響，人力資本對組織績效的影響並不顯著，人力資本通過結構資本與關係資本間接對組織績效產生影響。可見，人力資本、結構資本、關係資本有可能通過彼此間的相互作用關係，直接或間接地對企業技術、制度創新產生不同的影響。

人力資本的內涵不僅僅限於企業員工所具有的各種技能與知識，還包括企業中所有與人的因素有關的方方面面，如利益相關者帶到企業的能力、技能。因此，我們應意識到人力資本在企業知識資本營運、價值實現，進而提升企業創新能力過程中起主導作用。人力資本對企業創新能力的作用機制體現在：企業家的成就動機關係到企業創新行為、方式選擇以及對創新的態度；管理團隊的風險認知能力直接關係到技術和制度方面的創新；關鍵員工在團隊中的勝任特徵直接關係到技術創新的效力。

結構資本是知識資本的基礎設施，在知識資本營運過程中與人力資本、關係資本相互作用。結構資本是激勵人力資本的根本力量，是企業吸收、整合、轉化一切要素資源的根本保證。結構資本在為人力資本和關係資本的充分利用創造條件的基礎上與它們共同作用，形成企業的創新能力。結構資本能使企業高質量、有序地運轉，最大限度地提升企業的創新能力。結構資本將企業慣例和戰略綜合起來，通過這種方式使企業獲取、吸收、轉化並開發知識，進而實現企業技術、制度方面的創新。結構資本的存量直接關係到創新的程度，並影響企業先行優勢的取得，組織學習能力的高低則關係到企業后發優勢獲得能力的高低，進而影響企業技術創新能力的高低。

關係資本管理的目的是推動企業積極從外部獲取知識，促進知識累積，從而實現企業內部知識和技術的創新。里德

(Reed)等人的研究結果表明關係資本對人力資本起槓桿作用。關係資本對企業創新能力的影響作用體現在：供銷商滿意度、市場聲譽位次、公司信用等級的提高會推動企業進行技術、制度方面的創新。產品的盈利能力與產品市場的競爭關係之間的矛盾及企業上下游客戶關係的相互制約創造企業創新的外在動力或壓力；企業內部之間既相互矛盾又相互統一的關係產生企業創新的內在動力或壓力。企業通過把所感覺到的壓力傳導到其創新神經中樞，再由創新神經中樞做出對來自內外部壓力的反應，促使企業組織技術、制度方面的創新活動。

4.3.2.3 引入社會網路分析知識資本對企業創新能力的影響

在知識經濟時代，企業創新能力很大程度上取決於知識資本的廣度與深度，而社會網路正是影響知識資本廣度與深度的重要因素。蘭德里（Landry R）等提出知識是包含在網路與社區中的。陶海青和薛瀾認為社會網路中的聯繫力量、網路規模、網路位置以及網路範圍與種類均會影響知識的傳遞，不同類型的知識需要不同的網路路徑以便實現有效傳遞。社會網路對知識資本的作用機制一方面體現在改善知識資本的質量上。社會網路是個人知識與個人知識、個人知識與組織知識、組織內外部知識的交流與溝通的重要途徑，能夠促使各類知識之間不斷發生線性與非線性的相互作用，使知識資本產生放大效應與整體湧現效應，各類新知識被不斷創造出來。社會網路對知識資本的作用機制另一方面體現在影響知識資本對企業創新能力作用的發揮上。社會網路關注如何通過人際關係的創造和維持來獲取稀缺的資源，有助於促進知識的傳播。基於社會網路中的人際信任可以消除成員對機會主義行為的防範心理，降低技術學習的交易成本。社會網路中成員加強了彼此間的溝通，會及時地進行信息共享與傳遞，提高技術學習過程中的透明度。關

係網路中合理的分配制度、激勵制度及先進的信息技術,提高了知識資本轉換及共享的效率。

　　企業的內部社會網路為知識轉化和共享以及個體、團隊與組織三個層次主體之間知識的重組與重構創造了機會。具體來說,企業營造的高度信任的文化氛圍和加強建設的知識共享文化有助於員工之間形成良好的人際信任和關係互動,有助於人力資本和關係資本的累積。企業在內部培養的共同價值觀、建設學習型組織有助於提高主體間知識轉化和共享的效率,直接影響了人力資本、結構資本、關係資本的增值及其作用的發揮。整合后的人力資本、結構資本和關係資本,通過彼此間的相互作用關係,會對企業技術和制度的創新產生直接或間接的作用。

　　企業外部社會網路的最大作用在於增加關係資本。與顧客、合作夥伴等的知識共享是企業的市場反應,可以拓寬知識共享的廣度,將對關係資本的放大起到至關重要的作用。在全球經濟一體化的大背景下,任何一個企業的發展都不是孤立的,單個企業難以實現知識資本的累積。加瑞羅(Jarillo)認為企業外部社會網路之所以存在是因為「交易成本+外部化價格<內部化成本」,促進知識資本被網路中的行動者吸收。為了獲得互補性的知識資源,外部社會網路包括企業及其各個利益相關者,使得各方能夠實現知識共享。與利益相關方進行的合作和溝通,促使彼此之間建立信任關係,這種信任促進了關係資本的放大;隨著知識交流與合作程度的加深反過來再次促進了關係資本的累積,最終形成知識聯盟。因此,外部社會網路使得企業與利益相關者及時、準確地傳遞知識,從而推動企業進行技術和制度方面的創新。企業通過對外部環境的搜尋與關注以及對特定問題相關信息的識別,獲取的外部知識能夠豐富自身的知識。對企業來說,為了接收新知識,需要改革其慣例和流程使其能夠接觸到新知識的源泉,之后才能消化新知識,並把新知識與

現有知識整合，使人力資本與結構資本不斷地進行優化。因此，外部社會網路通過影響知識資本的各個構成要素進而推動了企業技術和制度方面的創新。

綜上所述，社會網路能夠促進人力資本、結構資本與關係資本的形成、累積、增值及其作用的發揮，並對企業技術、制度上的創新產生更顯著的作用。

4.3.3 社會網路、知識資本對企業創新能力的作用機理總評

社會網路、知識資本與企業創新能力之間的關係研究是一個重要的課題。由於知識資本對企業創新能力的作用會受到一定社會空間（社會網路）內部非市場互動的影響，社會網路使得內部主體建立一種重複且持久的關係，有利於內部成員之間分擔風險、分享信息，在市場發育不充分的發展階段，對知識資本的累積、增值發揮著非常重要的作用。社會網路除了能直接影響企業創新能力之外，還能夠促進知識資本的形成、累積及其作用的發揮，間接影響企業創新能力。將社會網路理論引入知識資本和企業創新理論研究中，可以為分析企業創新能力提供一個新的視角。

已有研究在將社會網路、知識資本與企業創新能力細分的基礎上分析三者之間的作用機制，並構建了社會網路、知識資本與企業創新能力之間的關係模型。研究發現可以通過網路的規模、密度、仲介中心度測量內外部社會網路，深入分析社會網路對企業技術和制度方面創新的不同影響作用。知識資本是企業創新的基礎，其各個構成要素之間存在著相互作用的關係，它們既有可能對企業技術、制度創新有直接而顯著的作用，也有可能通過彼此間的相互作用關係，直接或間接地影響企業技術、制度創新能力。內外部社會網路通過促進知識資本各個構成要素的形成、累積、增值及其作用的發揮，對企業技術、制

度上的創新具有更加顯著的機制作用。

4.4 企業家精神與知識資本、社會網路

4.4.1 知識資本的內容與價值實現機理

4.4.1.1 知識資本的內容

知識資本（或智力資本）的概念，最早是由美國經濟學家加爾布雷思於1969年提出的，他認為知識資本是一種知識性的活動，是一種動態的資本，而非固定的資本形式。國內外很多學者對之進行了研究與界定。冉秋紅認為，知識資本是指組織擁有或控制的、尚未體現在實物資產與貨幣資產中的、以知識為基礎的、無形的經濟資源，如員工的能力、管理制度以及客戶關係等，知識資本代表著組織知識基礎的價值創造能力，包括人力資本、組織資本與關係資本。莫瑞森（Mouritsen）提出知識創新不僅僅是挖掘個體蘊含的知識，更是集成知識資源來產生和創造價值，知識資本關注於價值創造而忽略知識的分佈式效應；基於知識資本的創新主要關注知識資源間的互補和集成關係，關注整個組織範圍的知識創新過程、外部知識獲取和知識網路行為，用以提升組織的整體競爭力。此時競爭力的提升是組織技能集成的產物，不是某一個體或小組的、單一的、分散的技能，而知識管理的關鍵，是組織整體的過程和程序，以實現工藝、技術、方法和關係的整合。當組織知識創新的核心不再是隱性知識，而是整體知識資源的有效配置和協同時，通過知識資本的信息來管理和控制知識創新便成為可能。

斯圖爾特認為知識資本是企業組織和國家最有價值的資產，以潛在的方式存在，體現在員工的技能和知識，顧客的忠誠，

企業的組織、文化、制度和行動所包含的集體知識中。斯圖爾特提出了知識資本的「H-S-C結構」，指出知識資本的價值體現在人力資本、結構性資本和顧客資本三者之中。人力資本是持續發展企業員工具有的各種技能與知識，是企業知識資本的重要基礎；結構性資本是企業的組織結構、制度規範、組織文化等；顧客資本則指市場營銷渠道、顧客忠誠、企業信譽等經營性資產。

研究者普遍認為知識資本是對傳統資本概念的有效補充。將企業的信譽和商標、員工的知識和忠誠、顧客對企業的認同感以及經營關係等這些被傳統管理理論所忽視，但對企業經營至關重要的因素整合在一起，並與企業的組織結構、生產能力、技術創新能力、市場開拓能力、企業財務狀況等緊密聯繫在一起，共同構成企業核心能力的經營資產，即知識資本。也就是說，從企業的角度去認識，知識資本也就是人力資本加上企業的無形資產。

對企業來講，知識資本不僅包括企業內部的人力資本總和，而且包括由於人力資本之間的組合及其他要素組合所產生的各種知識性企業協作資本，如歸企業所有的專有技術（保密的和公開但受法律保護的專利技術等）、管理訣竅、組織結構、制度規範、組織文化、生產能力、技術創新能力、市場開拓能力、企業財務狀況、企業的信譽、商標、員工的知識和忠誠、顧客對企業的認同感、經營關係、市場營銷方式等各種能影響企業協作力的因素。從價值或資本方面來講，知識資本就是企業的市場價值與物質資本之間的差額。

4.4.1.2 知識資本的特點

第一，無形性。知識本身是無形的，故知識資本具有無形性特徵。

第二，轉讓的不可逆性。知識資本一經轉讓出去就無法再

收回。

　　第三，流動性。知識資本的流動性包括兩個方面：一方面是指知識資本中某些知識要素的轉移與共享，沒有知識的轉移與共享就沒有知識資本的更新、累積和增值；另一方面是指知識資本要素的轉化過程，這種轉化過程實際上是知識資本價值實現並轉化為貨幣收入的過程。

　　第四，共享性（外部性）與排他性共存。知識均具有共享性，不過存在難易程度上的差異，如隱性知識共享的難度較大。作為生產資源的顯性知識由於其本身具有的可共享性不可能完全被企業所佔有，會流向企業之外，而給其他企業的生產經營過程帶來好處，這是物質資本所沒有的特徵。一些專用知識以及具有較大的現實和潛在的經濟或戰略價值的知識，如一些新的發明和創造，其開發者為了獲取壟斷利益，使這部分知識資本具有了排他性，如知識產權資本就屬此類。但專用知識有向通用知識轉化的趨勢，因此知識資本的共享性和排他性是相對的。

　　第五，時效性與非磨損性。無論對個體還是對組織來說都存在著知識的更新問題，新知識會取代舊知識。當新知識出現時，舊知識可能失去原有的價值，或其部分價值轉移到新知識中而變成新知識的一部分。因此，知識資本有明顯的時效性，這就是知識資本的無形磨損。知識資本在使用的過程中不存在有形磨損問題，不但如此，知識資本還會不斷完善、豐富和增長。物質資本與此恰恰相反，使用得越多，磨損消耗得越多。

　　第六，價值轉化的不確定性與投入彈性。知識資本參與生產經營和價值轉化的程度具有不確定性，即使是類知識產權資本，其作用的發揮也具有一定的彈性。其他種類的知識資本價值大多處於潛在狀態，多大程度上能轉化為現實價值取決於企業如何利用和運作。知識資本的價值表達和實現有一個由隱藏

到顯露的過程，其參與生產經營過程的程度不容易把握，沒有統一的標準和準則來衡量，投入的程度存在著較大的彈性。這應該是知識資本目前還無法進入現有的財務帳戶及難以度量的主要原因。

4.4.1.3 知識資本的價值實現機理

根據上述知識資本的特點與內容，愛德文森結合在企業的實踐，從企業價值構成的角度對知識資本的構成進行了歸納，發現了知識資本的構成與層次（如圖4.3所示）。分析知識資本的構成，有助於我們認識知識資本的價值實現機理。

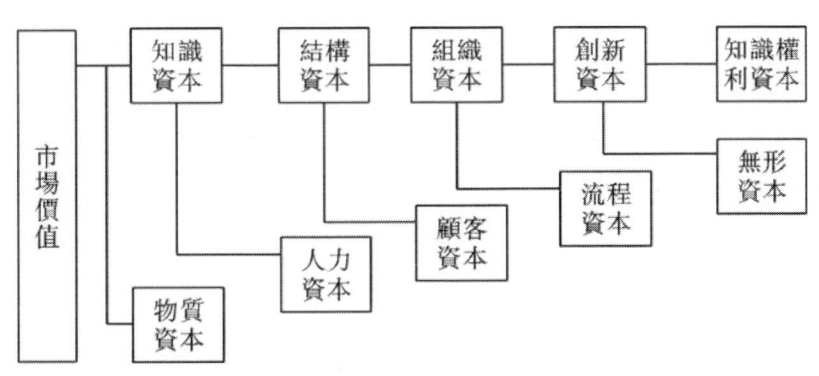

圖4.3 公司市場價值圖譜

企業的市場價值來源於投資者對於企業資產價值的評估，物質資本根據歷史計價、資產新舊程度比較容易實現估算，但是相同物質資本的企業却市場價值不一樣，其差額主要來自於公司的知識資本，即利用物質資本實現市場目標的能力。進一步分析發現，知識資本又分為人力資本與結構資本。人力資本價值的核心體現在企業員工的知識和技能上，而更重要的是員工的創造性和學習能力，這才是人力資本價值的核心所在。人力資本是知識資本最具活力的部分，也是最不穩定、最易於流失的部分。能否最大限度地避免人力資本的流失並使人力資本的創造能力得到充分的發揮，即人力資本向知識產權類資本轉

化達到極致，取決於結構資本中的管理平臺類結構資本部分。結構資本又分為組織資本與顧客資本。顧客資本指所有與客戶有關的能為企業價值實現提供幫助和支持的因素之和。顧客資本主要包括品牌、營銷渠道和客戶關係。組織的知識結構並非參與組織的個人知識的簡單加總，而是有機地互補與整合、學習與創新，其中包括創新出組織知識，形成組織文化，進而創造出要素所有者個人所不具有的組織資本。伴隨組織資本而來的是組織資產，運用組織資產能更有效地降低生產成本與交易成本，促進企業人力資本與非人力資本合作效率的提高，進而促進要素更多地實現增值。組織資本又分為創新資本與流程資本。創新資本一方面包括知識產權方面的運用，如專利、商標、技術等；另一方面包括無形資本，如組織文化、決策機制、市場領導力等。

　　從上述分析可以知道，結構資本的任一部分都不是天上掉下來的，也不是社會各界無故贈予的，而是來自於個人或企業組織長期創造的智力成果外化的效應。傳統的或狹義的知識產權資本來自於科學技術人員的勞動，組織資本來自於經營管理人員的勞動，企業制度和企業文化則是企業經營管理人員和企業所有其他人員長期勞動的結果，顧客資本來自於企業經營和專門從事營銷人員的勞動。結構資本獨立於人力資本，但是所有這些結構資本都是由人力資本決定的，都是由人力資本創造的。不過，這些結構資本形成以後，就可以獨立於它們的創造者而存在，作為企業資本的一部分，被當作資本的生產力，也就是被企業首先佔有及運用。結構資本與人力資本一起構成了知識資本，而知識資本又與物質資本結合形成創造性的生產力，從而實現市場價值。

4.4.2　知識資本通過組織資本促進組織學習與創新

在新進入企業知識資本的累積面臨著時間劣勢和資本存量劣勢的條件下，創新活動對其贏得競爭優勢具有重要的作用，因為企業通過重大的創新成果有可能快速累積起不同的核心知識資本並替代現有的成功企業。創新活動（尤其是知識創新）與知識資本之間存在彼此依賴、互相促進的關係。一方面，創新是一個不斷循環的動態過程，需要企業的人力資本在企業現有的知識基礎和組織、制度、文化等環境中發揮無限的創造潛力，因此每一次創新都是在企業現有的知識資本平臺上進行的。另一方面，企業知識資本的累積過程伴隨著不斷地創新。複雜性科學將創新看成已有的知識重新組合而造成的突變現象，通過創新可能產生獨一無二的競爭力（如差異化、成本領先等），從而產生競爭優勢，並且使企業的知識資本累積進入新的高度。創新是企業知識資本累積的催化劑，當前的劣勢企業有可能通過加速創新而后來居上。

那麼知識資本是如何推動創新，形成企業價值的呢？研究發現，企業的結構資本發揮了重要作用。首先，核心產品是核心能力的外化和表現形式，而核心能力的本質是企業所擁有的某種知識資本發揮整合作用的結果。核心能力與核心產品是企業知識資本在企業資本轉換過程與管理過程中的集合體，知識資本在這兩個過程中促進了創新，創新反過來又促進了知識資本的累積。

知識資本在企業管理過程中的運動與轉換過程如圖4.4所示。

企業領導應把集體知識共享和創新視為贏得競爭優勢的支柱。努力建立學習型組織，不僅促進企業發展，重要的是讓員工得到一種新的「承諾」，即企業不承諾永遠不會倒閉，但企業

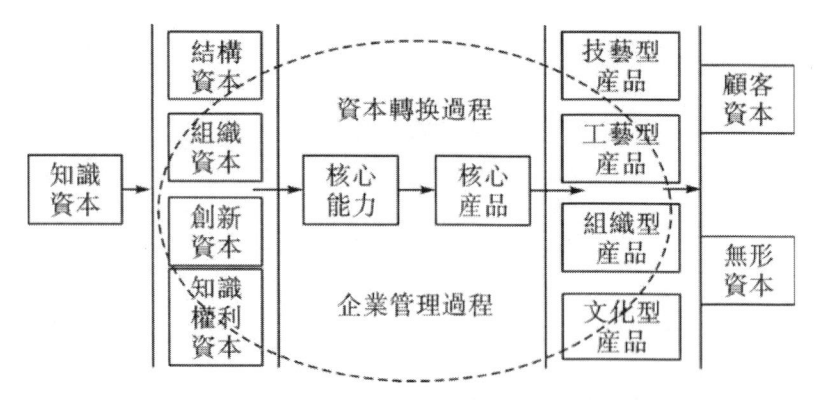

图4.4 知識資本在企業管理過程中的運動與轉換過程

能讓員工在工作中得到學習，獲得一種職業資產，以便於企業不景氣時員工有能力找到更好的單位。加速知識資本向核心能力轉換，不僅需要正規的組織管理，更需要知識型團隊的自我管理。在企業組織中，可以形成T形的管理模式，縱向由正規的組織管理實施，橫向由眾多的知識型團隊組成。因為嚴格的層級管理不利於知識的創新，也不利於知識資本向核心能力的轉換，但鬆散的組織不易形成企業整體的核心能力。知識型團隊的主要成員是由組織內外的專家組成，他們根據組織外部情況和企業戰略目標進行合適的創新活動。

知識資本要形成核心能力與核心產品，還需要依賴組織資本發揮作用。組織資本是組織成員在特定的社會關係中通過合作形成的、能夠為組織帶來未來財富增值的資本形式。組織資本根植於企業的價值觀系統、組織慣例、組織制度或組織結構中。組織資本並非無本之木，歸根究柢，組織資本來源於企業內人力資本和企業間的關係資本。組織資本的增長依賴於人力資本的增長和社會網路的構建，組織資本對人力資本的增長同樣具有促進作用。相同的個人在不同的組織下所發揮出來的作用是不同的，所能得到的學習機會和職業發展的機會也是不同的。人力資本和組織資本之間存在著微妙的互動關係。人之所

以願意把自己掌握的知識在一定範圍內公布和共享，把自己熟練的技能傳授給同事或者學徒，是因為知識更新速度已經漸漸快於個體學習的速度和經驗累積，保守的學習和共享態度只能喪失自己學習的機會，使自己的知識迅速落伍。把個體的人力資本轉化為組織資本，組織內外的人就可以在一個平臺下共享知識、傳播知識和創造知識，從而促進人力資本的增長。

組織資本的形成對於企業核心競爭力的提高具有重要意義，降低了組織對自然人的依賴程度。經濟的全球化迅猛發展和對人才資源重視程度的提高，加劇了人才的流動，人才加速流動對社會資源的最佳配置起到了良好的作用，但是也給企業帶來了很多困擾。把人力資本固化為組織資本，就可以降低組織對自然人的依賴程度，從而降低了企業對人力資本進行投資的顧慮。企業把組織的人力資本轉化為組織資本，就可以累積起企業過去在研發人員培訓、公關等方面的投資，從而把最具有特色的技能和技術以及社會關係等資本留在企業中，構建企業的核心能力。更加重要的是，組織資本具有潛移默化的特性，新雇傭的員工或者調動了崗位的員工可以在組織中把組織資本重新轉化為個人的人力資本，企業不但是掙錢的平臺，更是學習的平臺，組織資本增長推進了企業成為學習型組織的進程。

組織資本還可以與人力資本實現雙向轉換。兩者之間的轉換不僅包括知識和技能的轉換，還包括精神、價值觀和行為的轉移。約定俗成的組織慣例、統一的心智模式和積極向上的組織文化等都是組織資本的組成部分。組織的文化資本是通過人力資本自身增長與人力資本互動增長時的社會關係的交融而形成的。其根源來自於企業家在創業階段的理念和精神動力。組織的文化資本體現了人力資本轉化為組織資本之後在時間上的延續性。「百年的企業，不變的是精神和服務的承諾」反應了組織文化資本在企業中長久的作用。從某種意義上來說，組織文

化資本就是組織資本與人力資本在精神領域的集合體。因此，企業家精神對於知識資本的形成扮演了什麼樣的角色的問題，進入了研究者的視野。

4.4.3 企業家社會網路對組織學習與創新的影響

因為意識到個人的行為在創業過程中也是具有一定局限性的，許多社會因素都會影響到企業的創立過程，這使得通過個人行為而獲得企業創業成功是不可能的。許多研究者從社會網路角度研究企業家解決了企業家與社會環境接軌問題。伯利（Birley）通過對新創立企業的社會網路關係的調查，把社會網路關係分成了兩種類型：一種是非正式的關係，如家庭關係、朋友關係或者事業關係；另一種是正式的關係，如銀行關係、會計關係和法律關係。研究者發現企業家大多是依賴他們的非正式關係而不是正式關係進行創業的。奧爾德里奇和齊默（Aldrich & Zimmer）從網路關係給企業家賦予新的內容，他們把企業家形成的過程看成鑲嵌在一個持續不斷變化的社會網路中互動的過程。儘管他們意識到個人在其活動中具有主動性和目的性，但他們同時認為只有把企業家的個人活動納入更廣泛的社會關係網路中考察才有意義。

社會網路在公司的成長階段具有十分重要的價值，社會網路是嵌入在巨大結構脈絡中的一種關係安排，此結構可以杜絕或創造許多可能的關係。勞曼（Laumann）、格拉斯科維奇（Galaskiewicz）和馬斯登（Marsden）將社會網路視為許多結點（個人或組織）聯結在社會關係（如友誼、資金轉換等）中的特殊形式，使公司與外部資源和消息的聯結。加瑞羅（Jarillo）將社會網路作為企業家利用組織在激烈的社會競爭中定位企業的方法。可見，企業家社會網路對於企業來說，是與外部環境進行資源、信息等交流與整合的重要工具。對於企業家而言，社會

網路的重要作用不僅在於通過網路中的各種聯繫傳遞信息與資源，還在於網路結構的形態以及企業家在網路中所處的位置，影響著通過網路傳遞的信息和資源的質量。

個體的社會網路可以為企業帶來以下影響：一是社會關係網路可以提高行為主體獲取信息的能力，從而增加其獲利的機會，同時減少因信息不充分而導致的決策失誤；二是社會關係網路可以使行為主體影響利益相關者的決策，使其制定有利於自身的相關政策；三是社會關係網路有利於維繫群體利益，增強群體的凝聚力，從而提高自身效益；四是社會關係網路為網路中各主體相互交往提供信用保證，可以增強相互間的信任度、減少交易費用、提高交易效率；五是社會關係網路有利於社會資源的交換，從而提高資源的使用率。

社會網路的分析觀點將人與人、組織與組織之間的紐帶關係看成一種客觀存在的社會結構，正是這種聯繫的結構對於人或組織的行為及其結果具有重要的影響。貝托於1992年提出的結構空洞理論，對於社會網路作用機制的解釋極具代表性。結構空洞理論認為大部分社會網路並不是完全連通的網路，而是存在著結構空洞的網路。存在著結構空洞的網路是指網路中的某個或某些個體與有些個體發生直接聯繫，但與其他個體不發生直接聯繫。貝托稱這些關係間斷所形成的空洞為「結構洞」。根據貝托的結構空洞理論我們可以發現，企業家在此網路中占據了多個結構空洞的位置。例如，以企業家、代理商、親密的合作者甲所構成的網路來看，企業家與代理商之間存在某種聯繫、企業家與親密的合作者甲之間存在某種聯繫，而代理商却與企業家的合作者甲之間出現了關係間斷現象，這時企業家即占據了結構空洞的位置。這一空洞位置為企業家所帶來的競爭優勢不單單來源於資源優勢，更為重要的是來源於位置優勢，這體現在兩個方面，一方面是信息優勢，另一方面是控制優勢。

適合企業家進行創新活動的網路結構具有以下幾個特徵：一是社會網路支持企業家的初始活動。網路可以促進有效信息的交流，這不僅有助於市場效率的提高，而且影響企業家的創新行為及其成功與否，處於較為有利的社會網路結構中的個體會有更多的機會成為企業家。二是企業家通過正式或者非正式關係維持的社會網路可以增加商業機會。社會網路把相關信息通過網路中的朋友或親戚等關係傳遞給企業家，企業家的關係網路是信息資源配置的有效機制，個人的社會網路為企業家創新行為提供了開拓不同市場的信息。三是企業家的社會網路及其結構決定了企業家獲取信息與資源的能力。企業家的社會網路提供的信息準確、快捷、穩定，企業家不僅能從中及時地獲得更多的信息，而且能夠開發新的信息資源，迅速感知環境變化並作出反應。企業家的社會網路提供了降低環境不確定性的有效途徑，使企業家具有靈活性和戰略性優勢。四是企業家具有相當數量的強聯繫。這些強聯繫一方面保證了企業家對某些資源有著較強的控制能力，另一方面保證了企業家能夠分享較為牢靠的信任關係。五是與企業家有著直接聯繫的連接數占網路中總連接數的比例較高。企業家處於網路的中心地位，並享有一定的內部聲望。六是除了直接聯繫之外，企業家還通過與其有直接聯繫的主體間接控制著一定數量的次級簇。企業家通過維持有限數量的一級聯繫，可以間接影響數量眾多的次級聯繫。這一策略大大拓展了企業家的影響範圍。

企業家社會網路能夠強化信息收集。企業家社會網路能幫助企業家更好地評估投資機會質量信息的真實性，增加高質量的交易流，減少投資風險。企業家社會網路是出於對將來互惠的期望才請求與其他投資者共同投資於有潛力的交易。企業家社會網路還可以將關聯的信號匯集在一起從而選出更好的投資方案，有助於將信息傳播至不同的部門並擴大交易的空間範圍，

從而使創業資本有條件將投資多樣化。目前中國企業對信息的需求已顯得越來越迫切，需求的範圍也不斷擴大。企業間的競爭已不僅僅是生產技術能力的競爭，還有信息獲取能力的競爭。提高企業信息需求滿足率正成為企業增強競爭力的突出問題。企業廣泛的社會關係網路恰恰可以發揮信息的收集和傳遞功能，從而為企業獲取機會利益提供有利條件。在不對稱信息條件下，人際關係往往能夠提供一種信任機制，為關係網內成員間的合作、獲取更大的機會利益奠定了堅實的基礎，企業外部社會資本有利於增強企業的技術創新優勢。

企業家社會網路能夠強化共享學習。此外，企業家學習是一個歷史性的、累積的、自我能力清理和強化的過程。這時，企業家對於自身管理水平以及企業資源配置的有效水平並沒有清晰的認識，企業家的創業過程實際上是獲知「有效水平」的「學習試驗」。而這種學習試驗有時是無意識的、被動的，被深深地嵌入於企業家頻繁的結網行為中。

企業外部社會資本累積有利於企業創新。美國經濟學家簡‧弗泰恩和羅伯特‧阿特金森在《創新、社會資本與新經濟》中指出，創新是企業發展的原動力，在舊經濟條件下，創新通常是在研究、開發與生產方面採取一系列分散的步驟實現的。在新經濟條件下，創新更多的是通過一種借助動態的生產關係或合作創造價值的網路實現的。而這種有利於創新、合作的成功取決於企業與合夥企業、聯營企業、研究機構之間的相互信任、互惠準則和開明長遠的自我利益。此時企業的外部社會網路起到促進合作的重要的黏合劑作用，它使合作網路運行順暢，讓所有參與的公司都從中受益。因此，在經濟中，社會網路已經成為企業創新的一個關鍵因素。

4.4.4　企業家精神通過社會網路構建知識資本

從現有的研究和一些案例中可以反應出企業家的能動性和企業家精神是企業家行為本質的要素。企業家行為應該是一個能動的過程。在這個過程中，制度環境、企業家能力、企業家的社會網路及其互動共同決定著企業家能否實現創新行為的外部條件，而企業家的能動性和企業家精神則是激發企業家行為的內部動力。因此，在外部條件與外部因素之間嵌入知識資本的分析，研究企業家社會網路在知識資本形成的作用與機理，成為研究者感興趣的領域。

許多學者認為個體知識和技能的發揮是組織知識創新的源泉。個體知識創新對企業成功至關重要，扁平化的組織有利於個體運用技能和組織創新。在以挖掘個體知識為核心的知識創新理論中，影響比較廣泛、比較完整的理論是由羅拉卡等提出的知識創新過程模型。羅拉卡等認為組織知識創新的驅動者是知識個體，個體是創造價值的源泉和知識管理的核心，組織的任務是支持個體知識創新。羅拉卡等提出了一個比較完整的知識創新理論框架，以理解組織產生、保持和開發知識的動態過程，即使用現有的知識資本，通過在「場」中進行的「SECI過程」來創造新知識，當新知識產生後，又依次成為再次知識螺旋（Knowledge Spiral）的基礎。企業家社會網路通過知識傳遞產生與聚集知識資本。

4.4.4.1　企業家社會網路中知識傳遞的主要路徑

第一，默會性知識、明晰性知識及其傳播路徑。M·波蘭尼（M. Polanyi）被認為是最早將人類知識分為明晰性知識和默會性知識兩類的人，其劃分的主要標準是這種知識能不能通過知識編碼的方法進行傳遞。這兩種知識在社會網路中就會依賴於不同的路徑或聯繫進行傳遞。默會性知識具有高度的嵌入性，

需要通過行為主體之間多次交互式作用后才可以被對方所理解，這意味著默會性知識必須借助強聯繫才得以傳遞。有證據表明強聯繫導致了更多的知識交流，強聯繫更可能花費精力以確保一個知識搜尋者充分理解並且能夠進行使用新獲得的知識。烏西（Uzzi）在對紐約服飾行業進行的研究中發現，具有強聯繫的企業家能夠交換編織精美的知識。另外，由於弱聯繫能以低成本維持，一個主要由弱聯繫構成的網路對於需要絕大多數明晰性知識的項目來說是有優勢的。

第二，冗余信息、非冗余信息及其傳播路徑。位於強聯繫任何一端的主體都可以完全知道對方的信息與機會，因此強聯繫提供了冗余信息。弱聯繫被認為比強聯繫更可能與不同小團體的成員相聯繫，「與我們有微弱聯繫的那些人更可能進入與我們自身不同的圈子，因此將獲取與我們所獲不同的信息」。因此，格蘭諾維特（Granovetter）認為企業家的弱聯繫會有助於在提供新型信息中識別機會，而強聯繫常常創造了冗余信息。可以假設，一個成功的企業家將具有與提供準確及時信息或建議的那些人有弱聯繫，這些信息與建議是在外部商業環境中識別與跟蹤機會所必需的。

4.4.4.2 企業家社會網路中知識傳遞的主要特徵

第一，被傳播的知識與社會網路在內容上的相似性。例如，通過友誼聯繫起來的人們相比基於建議關係存在的信息交換更可能進行基於友誼關係存在的信息交換。業余愛好網路與商業機會網路主要是依靠個體自身的努力，而職業學習網路與企業最佳實踐網路則得到了管理者的支持。企業家因為相似的創業背景、對於商業機會的洞察與決策經歷等，使得他們在社會網路中的知識傳遞具有相似性，有利於知識資本的形成。

第二，傳遞知識的社會網路的地位相似性。具有相似社會經濟地位的成員更可能成為具有在他們社會網路中背景相似的

個體，因為社會相似性被證實是增加了聯繫。依賴於相似資源的共同生活風格已經被發現是與更高層次的社會化相聯繫的，人們將選擇與他們在社會上最相似的人進行更加頻繁的交往。共享的經濟地位是個體間人際吸引的基礎。這意味著知識更有可能在經濟社會地位相近的社會網路中傳遞，進而形成知識資本。

第三，商業信任是知識傳遞的根本。當知識與信息在網路中傳遞時，還受到了信任的影響。基於情感的信任對於這兩種知識的傳遞都具有重要作用。當一個知識搜尋者尋求信息時，他們對知識源的善心就變得非常脆弱。例如，一個人的聲譽明顯受到這種相互作用的影響或者對知識源善心感知到懷疑時，人們就會採取防禦性行為，從而阻礙了個體與團隊的學習。基於能力的信任也會對知識獲取的感知有用產生影響，有些知識搜尋者相信一個知識源提出建議以及影響他們思考的能力，這些知識搜尋者更可能傾聽、吸納以及甚至採取關於那個知識源技能的行動。當知識是明晰的時候，對知識源中能力的信任可能不會被當成關鍵的，因為知識是獨立的，並且可以脫離知識源的能力而被理解。商業活動的基礎是信任，企業家在長期的商業活動中，累積了信任以及對於信任的識別與評價，高信任的社會網路有利於知識資本的形成。

5 企業軟實力的實質：企業影響力

5.1 企業影響力的實質與來源

5.1.1 企業影響力的實質

5.1.1.1 企業影響力的內涵

影響力是一種控制能力，是一個行為主體影響其他相關行為主體的能力。企業影響力的內涵包括企業為適應市場需求的變化而通過開展戰略行動、市場開發與需求創造、技術創新、品牌管理、供應鏈決策、行業服務與制定標準、企業歷練與企業榮譽、企業形象設計、企業價值觀塑造與傳播等具體活動，在市場競爭中建立的能夠影響其他企業決策、生產和經營的能力。對於具有較大影響力的企業而言，其體現的特徵具有異質性和難以複製性，因而該企業的影響力不同於一般企業。同時，雖然每個有影響力的企業具有不同的特徵，但是這些特徵還是存在一些共性的方面。

許多研究將企業軟實力看成企業凝聚力、輻射力、親和力（魅力）、滲透力和影響力等的綜合與集中體現。實際上，凝聚

力、親和力、滲透力等均是企業對內和對外產生影響的表現形式。因此，也有相當多的研究將企業軟實力看成企業的影響力。本書的研究更加傾向於后者的觀點。主要原因如下：一是軟實力是一種對比作用的客觀結果，是相對於市場中其他行為主體而言的，而影響力正是對其他行為主體產生對於自身行為有利的結果。二是軟實力對內產生凝聚力，對外產生價值認同，是通過影響力的高級表現形式——文化的影響與傳播來實現的，凝聚力、親和力、滲透力等，均是文化影響力的結果或者實現方式。三是企業對於消費者與社會提供的價值依次分別經歷了基本價值、基本價值+延伸價值、基本價值+延伸價值+附加價值、基本價值+延伸價值+附加價值+分享價值四個階段，其中第三階段的附加價值與第四階段的分享價值，更加側重於企業的文化影響力、價值影響力，這也是企業對於自身軟實力評估的關鍵要素。因此，企業軟實力的實質是企業影響力，是通過價值認同產生價值分享的能力，價值認同、價值分享的過程，就是企業影響力發揮作用的過程。

5.1.1.2　個人影響力與企業影響力

基本上所有知名企業的首腦人物對於企業來說都是靈魂人物，其對內能夠發揮非凡的凝聚力，對外可以產生很大的社會影響力，如蘋果之喬布斯、華為之任正非、格力之董明珠、阿里巴巴之馬雲等。個人影響力與企業影響力相互影響，有時可以產生疊加的效果，相互產生正向的推動作用。當個人影響力大於企業影響力時，企業是受益者；當企業影響力大於個人影響力時，個人是受益者，個人影響力的成長有利於企業的發展；反之，企業影響力的擴大，也有利於個人的成長。然而，個人影響力與企業影響力之間有時也會產生反向的結果。個人影響力使用不當，會對企業影響力產生負向的波動，如領導者個人的言論不當或行為失範、決策有悖於大多數人對於該事項的理

解與認識、決策后果損害了公眾利益等，往往會降低企業影響力；企業影響力持續下降，也往往會降低個人影響力。

企業影響力決定個人影響力，個人影響力反作用於企業影響力。從包含關係看，個人影響力應當是從屬於企業影響力的。任何一個集體、團隊，都需要一個引領群體的關鍵人物，這個代表人物應該是領悟企業精神的優秀代表，通過他個人意識的影響，對企業整體力量進行引導，來實現企業整體利益，代表著企業利益與方向。個人影響力應該是企業影響力的調味劑、增色劑、凝固劑、潤滑劑，在個人影響力不凌駕於企業影響力的基礎上，促使個人影響力的提升為企業影響力的增強服務，共同促進企業健康發展。如果一家企業需要推崇個人影響力，那麼這個「個人」的範圍應該是企業中的各類角色，因為每一位員工都在利用自身的影響力來服務企業，甚至不同的職位也需要不同的影響力，這些影響力的互補，最終形成企業影響力。但是個人影響力與企業影響力必須維持在一個均衡的狀態，相互匹配，並且是大家普遍認可的。個人影響力應該與企業的戰略方向、企業文化、價值觀與經營哲學相關聯。

如果個人影響力被放大，則說明企業已經完全掌握在一兩個人手中，他們的思路、理念、決策、行為如果不正確，將會對企業產生災難性的打擊。因此，企業的發展首先要強調和主推企業影響力。企業影響力由品牌、文化、市場佔有率、渠道、人才、科研等多方面的要素構成。企業最大的影響力就是品牌，品牌的價值與企業影響力的作用密切相關，只有產生巨大影響力的企業才能長遠發展。

5.1.1.3 從注意力到影響力

在賣方市場向買方市場轉變的過程中，由於市場競爭的加劇，企業的產品從供不應求轉為供大於求。如何讓消費者關注本企業的產品與服務，成為企業研究的重點。而這種注意力往

往是通過廣告等媒介的作用來實現的，因此這一時代可以稱為注意力經濟時代。隨著市場競爭的進一步加劇，企業發展單純依靠吸引消費者的注意力已經難以持續奏效了。企業如何將其提供產品的市場價值、價值分享傳遞給消費者變為企業經營的焦點。此時，光靠廣告傳播企業產品的質量、功能等，已經難以吸引消費者的購買選擇。廣告具有時效短、難以匹配消費者的即時決策等特點，而且有一部分不良企業的虛假宣傳，導致廣告傳播的可靠性被消費者所懷疑。因此，企業將逐漸改變注意力經濟策略，而轉向影響力經濟策略，即通過分享價值理念，將自己的產品與服務變為對消費者與社會公眾的影響力，從而實現企業營運目標與發展理念。

從注意力向影響力的轉變具有其歷史必然性。因為以注意力經濟為基礎的媒介市場會因為競爭導致純粹為吸引眼球而大量提供炒作、詆毀、虛假宣傳、詐欺等，惡性競爭出現循環，廣告的基本告知、引導功能逐步失效，負面效應也逐步加大。從傳播學的觀點來看，傳播效果分為三個層面：認知、態度、行為。注意力經濟的觀點僅僅涉及第一個層面，即認知層面，這種效果是短暫的。影響力經濟的觀點則回到了價值傳播的本源，在傳播的內容與渠道方面有別於傳統的廣告，通過企業文化、企業價值、企業社會責任、企業學習與組織創新等來傳播和吸引不斷完善、符合大眾主流價值觀的經營哲學、分享價值，從影響消費者的心靈入手，來實現企業目標與價值構建。

相對於注意力經濟，影響力經濟更關注企業能在多大程度上影響社會公眾的價值判斷、消費者的決策和行動，從影響受眾入手，涉及企業營運的設計、社會責任理念的傳播等。注意力是影響力的前提，影響力一旦形成，又可以有效支配更多的注意力。注意力和影響力並不完全對立，兩者之間存在一定的轉換機制。從注意力經濟向影響力經濟的轉變，實際上是企業

對於自身價值傳播效果認識的進一步深化，兩者之間存在著遞進和相輔相成的關係。

5.1.1.4 從企業價值的挖掘過程考察企業影響力

企業為消費者與社會提供的價值依次分別經歷了基本價值、基本價值+延伸價值、基本價值+延伸價值+附加價值、基本價值+延伸價值+附加價值+分享價值四個階段。在這四個不同的階段，企業對於社會的影響力是存在區別的，影響力的範圍、力量的強度、持續性隨著價值認識而不斷擴大與得到強化。

第一，企業提供基本價值階段。這一階段企業更加關注的是消費者基本價值的滿足，如電力供應解決照明問題、糧食生產解決溫飽問題等。企業將自身定位為社會某一方面功能的提供者，並不考慮消費者的其他任何訴求。在產品或服務供不應求的環境下，企業對於消費者有選擇出售的權力，消費者對於企業是一種屈服，這種影響力有一種被迫感，如果消費者有其他選擇，就會對這種影響力不屑一顧。這樣的企業一旦遇到競爭對手的低成本競爭，很容易丟失市場。

第二，企業提供基本價值+延伸價值階段。這一階段企業認識到了向消費只提供基本價值的缺陷，開始努力思考如何通過附加價值來對消費者施加影響。例如，產品質量的提高、產品外觀的美化設計、產品功能的多樣化以及提供親民化的售後服務等，企業通過分析消費者的多樣化的需求、綜合成本與效用、安全與可靠的消費過程等心理，對消費者施加影響，通過服務差異化來創造競爭優勢，從而完成對消費者的吸引。在買方市場形成的初期，這些策略對於提升企業的影響力有較好的效果，被許多企業廣泛採用。

第三，企業提供基本價值+延伸價值+附加價值階段。隨著市場競爭的進一步加劇，企業突然發現有很好的產品、良好的服務，並且具有基本價值與延伸價值的產品、服務，但仍然難

以抵擋市場競爭的力量，消費者仍有可能「跳槽」。企業開始思考是否還可以提供其他附加價值。附加價值旨在增加一種產品或者服務在消費者心目中所具有的價值，它來源於消費者心中的價值與基本價值、延伸價值的差額部分。企業提供的產品附加值應該包括兩方面的內容，即通過企業的內部生產活動等創造的產品附加值和通過市場戰略在流通領域創造的商品附加值。高附加值產品是指投入產出比較高的產品，其技術含量、文化價值等，比一般產品要高出很多，因而市場升值幅度大、獲利多。企業往往通過不斷的產品創新、技術創新追求以及組織學習與價值創造的文化追求來提高產品與服務的附加價值，從而獲得第三個階段的影響力。

　　第四，企業提供基本價值+延伸價值+附加價值+分享價值階段。這一階段是企業價值創造的高級階段，企業已經完全跳出企業本身的思維，服務社會和為社會創造分享價值是企業追求的最高境界，這種分享不光是利益分享，如與消費者一起分享持續改進的、精益求精的產品與服務，與其他利益相關者一起分享資源、效率、技術、創新能力等；而且與社會公眾一起分享企業的價值，包括企業產品的形象、某一個領域產品與服務的尊享和榮耀、文化象徵、價值符號等。消費者以使用該企業的產品與服務為榮，而該企業傳播的企業分享價值已經深入到消費者的生活、學習之中，該企業的價值觀念、經營哲學被消費者廣泛接受，消費者將自己看成企業的一部分。然而，消費者對於這樣的企業的期望更高，希望企業能夠持續創造價值。在企業創造基本價值+延伸價值+附加價值+分享價值階段，企業對於社會公眾的影響力日益擴大；反過來，公眾對於企業也有一種反制的影響力。雙向的影響促進企業更加良性的發展。在某種意義上講，企業已經成為社會的企業，這是企業影響力的最高境界。

5.1.2 企業影響力的來源

企業影響力對內表現為凝聚力、向心力，對外表現為滲透力、吸引力，是企業在長期的營運實踐中體現出來的一種意識形態的組合、綜合素質的抽象、社會責任與企業精神的滲透。企業影響力來源於企業的戰略行動、市場開發與需求創造、技術創新、品牌管理、供應鏈管理決策、行業領先與標準制定、企業歷練與企業榮譽、企業形象設計等。

5.1.2.1 戰略行動

戰略行動解釋了為何一個集體擁護某項計劃、為何一個當局要樹立威望、為何一個社會集團興旺發達以及一個企業為自身生存應如何有條理地進行組織。戰略行動需要確定一些戰略原則，戰略原則要符合企業發展的需求、市場競爭的需求、政府政策的支持、社會公眾對於企業的期盼等。企業的重大戰略行動往往對社會、公眾造成一種較大的影響力。例如，恒大集團進軍體育產業、健康糧油產業；阿里巴巴集團投資菜鳥骨幹物流網路建設和投資余額寶等互聯網金融服務；滴滴快車收購優步（中國）；等等，對現有行業格局均形成了較大衝擊，並改變了公眾對某一行業的產品、服務的固有觀念與認識，其影響力是不言而喻的。

5.1.2.2 市場開發與需求創造

企業的根本任務可以說不是盈利，而是為某一類型的消費者提供其所需要的產品、服務與價值。市場開發的過程，就是消費者不斷認識、瞭解企業的過程，也是對企業的產品與服務進行「貨幣投票」的過程。消費者只有在不斷地對同類產品進行比較、信息收集、傳播、篩選，採取拒絕、不予採納、選擇性接受、無理由接受等行動。企業的任務並不只是滿足市場中已經出現的需求，而是可以創造新的需求，引領消費需求，引

導消費者積極的、正確的消費價值觀。例如，騰訊公司不斷創造基於互聯網的信息服務，改變了人們的生活方式、觀念；順豐速遞改變了中國包裹投遞的「門到門」的問題，給人們帶來了生活的便捷；中國中車的高速鐵路運輸技術改變了人們對鐵路運輸的觀念，改變人們在省際移動的時間與空間的概念，創造了巨大的需求，產生了強大的影響力。

5.1.2.3 技術創新

企業自身的技術創新能力往往是技術創新網路中影響力最直接的決定因素。對於技術創新能力的評價，已有諸多學者對此提出了自己的觀點。研究最多的是把技術創新能力分為七個要素，包括創新資源投入能力、創新決策與管理能力、創新傾向、研究與開發能力、製造能力、營銷能力、創新產出能力，並結合技術創新網路的特點，保留了創新投入強度和創新產出能力（僅考慮產品創新）兩個重要因素。企業所具備的核心技術能力在其行業內的不可替代性決定了其在技術創新網路中的地位。同時，企業在網路中的連接度、信息流強度和破壞性等特徵發生變化后，不僅會促使企業規模發生變化，而且會導致企業的知識吸收能力和核心技術等發生改變。因此，企業的技術創新能力客觀上決定了企業影響力的強度與密度。

5.1.2.4 行業領先與標準制定

一家企業要在社會中確立自己的影響力，成為行業領先者是其目標之一。作為行業領先者，企業應該會參考競爭對手的競爭力，但不會只參考競爭對手，而要從行業發展角度看本企業的核心競爭力。因此，作為行業領先者，企業應該集中注意力於行業的發展方向、發展前景，結合社會發展趨勢開發新的社會需求，引領技術、應用變革等。例如，格力電器在空調乃至家用電器領域，以節能、舒適、健康、變頻等技術為持續改進方向，目前格力電器擁有的4,000多項技術專利中，發明專

利有710多項，取得的各種專利，都是實實在在的、可運用推廣的、能夠產生實際效益的技術。格力的精神就是「較真」，就是絕不會在模仿競爭對手的過程中亦步亦趨。正是因為如此，作為行業領先者，其空調單品收入已經超過1,000億元人民幣，對於整修行業，乃至社會公眾產生了深遠的影響力。行業領先者可以依靠完善的技術成為相關行業標準的制定者，引領行業消費趨勢。

5.1.2.5 企業歷練與企業榮譽

一家企業的成長經歷往往成為人們研究的對象，其榮譽會得到人們的各種褒獎，其教訓也會給人們帶來學習有機會，均會對社會公眾產生影響力。例如，新東方創業團隊的創業經歷一直為各行各業的管理者津津樂道、討論與學習，甚至被影視公司當成故事搬上了熒幕，成為創業者的勵志傳奇。又如，強生公司在遇到危機事件時，負責任的緊急處置措施與后續跟進、持續服務成為其他公司在危機管理中的經典案例，強生公司也因此產生持久、廣泛的影響力。因此，一家企業越有傳奇經歷以及所獲得的榮譽越多、級別越高，越容易產生影響力。

5.1.2.6 企業形象設計

企業形象設計（CIS）包括三部分，即理念識別（MI）、行為識別（BI）、視覺識別（VI）。其中，核心是MI，它是CIS的最高決策層，給整個系統奠定了理論基礎和行為準則，並通過BI、VI表達出來。所有的行為活動與視覺設計都是圍繞著MI這個中心展開的，成功的BI與VI就是將企業富有個性的獨特的精神準確地表達出來。BI直接反應企業理念的個性和特殊性，包括對內的組織管理和教育，對外的公共關係、促銷活動、資助社會性的文化活動等。VI是企業的視覺識別系統，包括基本要素（企業名稱、企業標誌、標準字、標準色、企業造型等）和應用要素（產品造型、辦公用品、服裝、招牌、交通工具等），

通過具體符號的視覺傳達設計，直接進入人腦，留下對企業的視覺影像。企業形象是企業的一項重要無形資產，因為企業形象代表著企業的信譽、產品質量、人員素質等，企業形象能創造良好的社會效益，獲得社會的認同感、價值觀，最終會收到由社會效益轉化來的經濟效益，塑造企業形象成為企業影響力的重要來源。

其他的方面，如品牌管理、供應鏈管理決策對於企業影響力的作用，詳見后面的論述；企業價值觀塑造與傳播對於企業影響力的作用，詳見本書第二部分。企業影響力的來源顯然並不是只有上述因素，有待於研究者去持續挖掘。

5.2 企業影響力的資本屬性

從前述分析可知，企業影響力是一種產生價值的價值，來源於企業不斷挖掘企業價值的過程，也來源於技術創新、戰略行動、企業榮譽、CIS、行業領先者、市場開發與需求創造、品牌管理、供應鏈管理等管理職能的深化。那麼企業影響力的價值創造是通過哪些要素實現的呢？在企業價值創造過程與影響力的來源之間又有何種要素起到媒介作用呢？研究發現，價值創造的過程其實就是資本發揮作用的過程，這種資本不是有形的實物資本與貨幣資本，而是無形的知識資本。知識資本又來源於道德資本、品牌資本、文化資本、社會資本等（如圖5.1所示）。知識資本通過技術創新、戰略行動等產生影響力，最終形成企業軟實力。

資本是經濟學中的重要範疇，根據馬克思在《資本論》中的闡述，資本是能帶來剩餘價值的價值，是資產的價值形態，是能帶來未來收益的價值。資本包括三個層次：一是資本可用

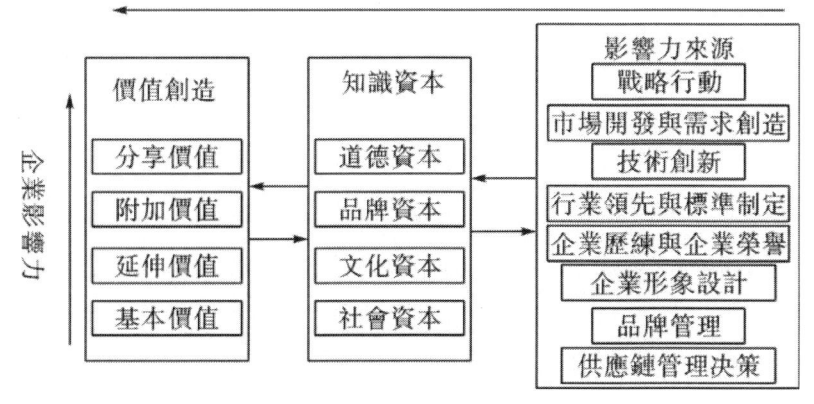

圖 5.1　企業影響力的來源與資本屬性

價值形式表示；二是資本能產生未來收益；三是資本是一種生產要素。在現代經濟生活中，資本是一種生產出來的生產要素，是一種經濟產出的耐用投入品。在企業價值的創造過程中，知識具有資本的屬性，並且是各種價值的來源與要素基因，知識資本可以對企業創新能力產生顯著作用（詳見「4.3 知識資本、社會網路與企業創新能力的關係」），通過創新能力來提升企業創造的價值。知識資本本身又以道德資本、品牌資本、文化資本、社會資本的形式存在，在企業影響力的來源與價值創造過程之間起到橋樑作用。

5.2.1　企業道德資本

5.2.1.1　道德資本的內涵

道德是以善惡為主要評判標準，通過社會輿論、傳統習俗和內心信念等環節，以約束和調整人們相互關係和行為規範的總和。從經濟發展的角度看，道德是一種特殊的資本，以傳統習俗、內心信念、社會輿論為主要手段，不僅是促進經濟物品保值、增值的人文動力，而且是一種社會理性精神，其最終目標

是為了實現經濟效益與社會效益的雙贏。因此，道德作為一種無形的社會資源，不僅能夠加速社會財富的創造，而且有助於提升現代經濟的質量，優化經濟發展的品質。

　　從根本上講，一切社會關係的和諧從根本意義上歸結為人的和諧。社會關係的和諧也是人與人之間關係的和諧，人是和諧的核心。通過強化與提高不同社會生產主體的道德素質，注重道德資本在經濟社會發展中的作用，能夠有效整合經濟資源、文化資源、社會資源，推進經濟與社會協調發展，更加充分體現經濟發展的整合效應。從消極意義上看，道德資本是防範經濟發展不良行為的重要因素。許多國際性的跨國公司都把以道德追求為核心的價值理念作為企業的靈魂。

　　在國外，國際商業機器公司（IBM）強調「最佳服務精神」，惠普公司要求「尊重個人價值精神」，卡彼勒公司提出了「追求卓越精神」，三星公司推行「企業即人」的創業精神，強調人和團結的共同體式企業文化。在中國，海爾集團提出「真誠到永遠」；三一重工的使命是「創建一流企業、造就一流人才、做出一流貢獻」，企業精神是「自強不息、產業報國」，核心價值觀是「先做人，后做事，品質改變世界」；「同甘共苦，榮辱與共，團結協作、集體奮鬥」是華為的企業文化之魂。在推進經濟發展的要素中，信譽因素比財務業績更能提升或挫傷一家公司的聲望，從某種意義上講，道德即有效的資本。

5.2.1.2　道德資本對企業影響力的作用機理

　　一方面，道德資本與員工的組織認同相互契合，增強企業內聚力。員工對道德資本認知的強度會影響員工對企業的認同，即企業越重視道德資本，員工對企業的認同就越能得到提升，而這種認同將形成員工內在的規範壓力，以引導員工做出合乎企業利益的行為。道德資本也將提升員工的組織認同。赫恩登（Herndon）指出，員工越讚同企業，越將會強化企業既存的價

值，並增進員工對企業情感的聯結。組織認同與企業道德資本的相互契合度能增進員工對工作環境的反應，能使員工價值與企業價值產生一致性的認知。

員工對道德資本如果頗為認同，則可以認為該企業的高層管理者明白不道德的行為不被接受；若經理人為獲私利或公司利益而作出不道德行為就會受到懲戒。研究發現，員工願為企業付出心力，協助組織更為成功，願意接受各項形式的工作指派；願告知親朋好友自己所服務的企業，並認同企業對工作績效上的鼓舞與激勵，願與現今的夥伴一起工作，並將企業相關的榮譽告知他人，以期待企業獲得社會公眾的認可，關心組織的未來發展。

另一方面，義利統一的道德資本邏輯，可以使企業獲得更多的外部吸引力。道德資本邏輯的核心是將道德邏輯與資本邏輯統一起來，使得企業道德行為在合乎「義」的同時也合乎「利」，達到義利統一、義利兼得。要讓企業在追逐「利」的同時，真正重視「義」，讓企業道德建設卓有成效，就必須將「義」與「利」統一起來。企業是現實的，盈利是其最大目的。從總體上看，當「義」遠遠超過「利」的時候，企業就會選擇履行道德要求，這時道德對企業來說就變成了一種資本，因為道德比不道德能夠帶來更多的利潤，這就是道德資本的生成邏輯。道德資本是一種投入經濟過程中促使經濟物品保值、增值的特殊生產要素，其最終目的在於將企業道德行為從道德負擔轉化為道德資本，使企業履行道德行為所帶來的收益大於不履行該道德行為所帶來的收益，使企業像追逐其他資本一樣主動追逐道德資本，從而真正提升企業道德水平。

因此，社會若要維護正義，必須採取一定的行動，剝奪不道德企業的得利部分（甚至超過非法得利部分），補償道德企業的失利部分（甚至超過失利部分），這就構成了經濟倫理學中的

「道德賞罰邏輯」。「道德賞罰邏輯」天然會對社會公眾產生影響，建設道德資本、履行道德責任的企業會獲得社會公眾的認可，從而形成一種內心的道德價值吸引，最終形成對於企業產品與服務的信賴，成為企業忠實的客戶。

5.2.2　企業品牌資本

5.2.2.1　品牌資本的識別與來源

品牌是給擁有者帶來溢價、產生增值的一種無形的資產，其載體是用以和其他競爭者的產品或勞務相區分的名稱、術語、象徵、記號或者設計及其組合。其增值的源泉來自於消費者心智中形成的關於其載體的印象。品牌具有資本的特性。品牌資本是指能參與經營並帶來剩餘價值的價值，是品牌資產的價值轉化形態，是能從市場獲取壟斷超額利潤的價值。在現實中，品牌資本的價值超出了商標的範疇，是社會公眾對其公認的市場價值。在企業資本經營中，品牌資本有獨立於有形資本的價值存在，可以不依附於有形資本而發揮作用，甚而可以遊離於企業之外而單獨存在（其他企業通過購買或接受轉讓等方式直接獲得品牌的所有權或使用權）。

從顧客角度來看，品牌資本的來源要素或根基是品牌產品能為目標顧客提供更多的產品讓渡價值並具有更高的認知價值。顧客購買品牌產品，其實質是購買品牌產品價值，即購買品牌產品的讓渡價值與認知價值。向顧客讓渡的價值表現為在顧客全部成本支出既定的情況下，是由產品價值、服務價值、人員價值、形象價值等構成的顧客享受的全部價值最高的產品；或者在顧客享受的全部價值既定的情況下，是由貨幣成本、時間成本、精力成本、心理成本等構成的全部成本支出最低的產品；或是上述兩者結合的相對價值最高的產品。品牌產品的認知價值取決於品牌的知曉度與顧客對某種品牌聯想的強度、喜歡度

以及對其獨特性的評價。

從企業角度來看，品牌資本帶來的超額利潤來源因素由品牌知曉度、品牌美譽度、品牌忠誠度、品牌聯想度、其他品牌資產五部分構成。對企業而言，品牌資本就是在不完全競爭市場上品牌產品依據其具有的競爭優勢的差異價值所帶來的超額利潤提供的現金流量。參照阿克的品牌權益模型，品牌資本量大小取決於上述五部分。這些因素之間的關係是品牌知曉度與品牌美譽度是創造品牌忠誠度的基礎，品牌忠誠度是在品牌知曉度與品牌美譽度共同作用下產生的，由良好的品牌知曉度、品牌美譽度與品牌忠誠度支持創造的品牌聯想度，可以有效地創造品牌的延伸力量。上述因素結合起來可創造出其他專有的品牌資產，以上因素為品牌資本超額利潤的創造做出貢獻。

5.2.2.2 品牌資本對企業影響力的作用機理

第一，企業品牌資本的形成過程。

企業品牌是公眾對企業的印象、態度和輿論的基本趨勢判斷，企業品牌資本的形成與公眾印象、公眾態度和公眾輿論有著密切的聯繫。

第一個層次：公眾印象。公眾印象是對企業品牌傳播的各類信息形成的體驗，它的形成大致經過引起注意、產生興趣、作出判斷、形成記憶四個階段。企業要使公眾產生印象，就要在引起公眾注意方面做出努力。當公眾注意到企業信息，進而產生興趣后，便會對所關注的事物進行判斷。判斷是對事物特徵有所斷定的一種基本思維形式。記憶是人們感知過的事物、思考過的問題、體驗過的情緒和做過的動作在人腦中的反應。從信息加工的角度上看，記憶就是對輸入信息的加工、儲存和提取的過程。企業品牌在公眾頭腦中定型后，傳播的目的就是經常喚起公眾記憶，使其不致遺忘。

第二個層次：公眾態度。事實表明，只有當公眾對企業品

牌形成良好的印象，並且抱有積極肯定的態度時，公眾才會採取有利於企業的行為。公眾態度是社會公眾對反覆接收的企業信息進行接受、分類、分析、整理，並以其價值觀念、心理傾向進行判斷的過程。企業信息只有符合公眾的心理傾向、價值觀念及其需要，才能被公眾認同並接受，形成良好的企業品牌。

第三個層次：公眾輿論。公眾輿論是社會公眾對企業形態及特徵的基本一致的評價，是企業品牌形成的最后階段，一般以對企業行為的肯定或否定兩種形式出現。公眾輿論的好壞直接決定著企業品牌的好壞。好的公眾輿論為企業品牌提升提供了契機，壞的公眾輿論則直接引發企業危機，損害企業形象與企業品牌。

第二，品牌資本對企業影響力的價值來源。

品牌資本對於企業影響力的價值來源主要有附加價值與分享價值、暈輪價值、馬太價值、牛蠅價值等。

其一，附加價值與分享價值。企業品牌資本的附加價值與分享價值是指一個企業擁有強勢的企業品牌可使其產品獲得超出使用價值之外的文化和精神附加值。例如，瑞士的手錶品牌斯沃琪（Swatch）其「絕技」就是告訴消費者，特別是年輕消費者——手錶不僅僅是用來看時間的，它可以是一種裝飾，可以是表達個性的一種方式，也可以和不同的服飾搭配，更可以用來表達心情。該品牌也會不斷地推出迎合消費者口味、不斷加入時尚元素的手錶。其文化附加值在於提醒消費者記住Swatch不僅僅只有表示時間的功能。目前，該品牌的手錶的銷量已經超過了1億塊。

其二，暈輪價值。暈輪價值來自暈輪效應。暈輪效應由美國著名心理學家愛德華·桑戴克於20世紀20年代提出，是指人們對他人的認知判斷首先是根據個人的好惡得出的，然后再從這個判斷推論出認知對象的其他品質的現象。一個擁有良好品

質或品牌特點的企業，就可獲得像月亮形成的優美光環一樣，向周圍彌漫、擴散，從而為企業贏得更多的市場和聲譽。例如，中國的通信業巨頭華為公司，由於其在通信、數據、信息技術方面的持續研發實力，雖然其進入移動終端設備的時間較晚，但是却厚積薄發。在2015年，華為手機銷售量在中國的市場佔有率已經躍居第三，並且有進一步上升的趨勢，主要競爭對手蘋果手機、三星手機均明顯感受到來自華為的壓力。華為因為其品牌影響力，已經成為中國最受尊敬的企業之一。

其三，馬太價值。馬太價值來自馬太效應。馬太效應名稱來自於《聖經·馬太福音》中的一則寓言。在《聖經·新約》的「馬太福音」第二十五章中這樣說道：凡有的，還要加給他叫他多余；沒有的，連他所有的也要奪過來。一個企業在某一個方面獲得成功和進步，就會產生一種累積優勢，就會有更多的機會取得更大的成功和進步。一個具有強勢品牌的企業顯然就可獲得比一般企業更多的市場青睞和發展機會。例如，中國的阿里巴巴公司，由於其在C2C電子商務方面的成就，目前其投資觸角已經涉及十幾個領域，國內與互聯網有關的優勢企業相當一部分得到過阿里巴巴公司的投資，阿里巴巴公司的商業版圖也是成倍擴張，這顯然來自於阿里巴巴公司品牌資本的馬太價值。

其四，牛蠅價值。牛蠅價值來自於牛蠅效應。心理學家認為，每個人都有需要，而且需要是多種多樣和多層次的，當需要的強度達到某種水平時就成為願望，願望經一定誘因的刺激變成動機，動機最終喚起人的行為。因此，牛蠅價值實際上來自於激勵效應。實踐表明，在具有強勢品牌的企業裡工作的員工，可獲得諸如理想激勵、目標激勵、榜樣激勵、榮譽激勵、情感激勵、參與激勵等激勵效應，能使他們「智者盡其謀，勇者竭其力，仁者播其惠，信者效其忠」。員工以在這樣的企業為

榮，員工的工作激勵與企業的品牌資本的價值形成了良性循環，相互促進。

5.2.3 企業文化資本

特定的文化資本不僅指導著人們對自己的生產和消費做出合理安排，而且最終決定著人們需求的變化和觀念的創新。企業文化資本不是簡單地等同於企業文化，只有那些能夠為企業未來帶來收益的企業文化，才能被稱為企業文化資本，才能成為企業的核心競爭力。企業文化只有通過資本增值過程才能轉化為企業文化資本，這個增值過程就是企業文化資本價值形成過程，也是企業文化資本營運過程。

不同的文化因生產方式、地理環境及歷史傳統的不同，會表現出很大的差異，呈現出特殊性和個性。文化的差異性，即文化的相對性，指的是不同群體或組織在文化方面的相異性可以滲透到計劃、組織、指揮、協調、控制等各個環節中去。同時，不同的文化背景也會導致員工對待企業各項管理活動的態度不同，企業文化差異會對企業的經營目標、經營戰略、協調管理模式以及決策模式等方面產生影響。但是文化資本可以實現企業目標的正確定位、戰略模式的合理選擇、文化差異的改變等目標。尤其是第三個目標，因為企業對外部產生的價值認同，實質上就是文化差異的融合過程。文化的融合往往是強勢文化佔有主導地位，企業的文化資本通過價值觀、心智模式、創新精神、社會責任、信任等形成企業價值的一部分，進而產生影響力。

第一，價值觀和心智模式是企業文化資本的精髓，主導著企業的發展、繁榮和衰落。優秀的企業文化可以培育良好的團隊精神，而良好的團隊精神有利於形成融洽和諧的人際關係，有利於凝聚大家的智慧和力量。在和諧融洽的企業內部環境中，

上到領導下至員工都會盡自己的能力做得更好，進而為企業塑造良好的形象，從而贏得社會的認可。方太集團總裁茅忠群認為，任何一種管理都是在一定的文化基礎上發明的管理手段、方法，離開了文化土壤，就會無效。西方管理要在中國發揮作用並產生效果，就得跟中國的本土文化結合。他認為，仁、義、理、智、信是人類恆久不變的本性，放之四海而皆準，能夠穿越時空而不變，過去幾千年證明其是正確的，現在有理由相信未來的幾千年其依然是正確的。因此，方太集團完全有理由踐行儒家文化的模式。方太集團在儒家文化的引領下，成為中國廚電設備行業的領袖之一。

第二，企業創新精神實質上是文化資本累積的核心。正如德魯克所說，創新就是創造一種資源，創造一種新的市場。蘋果公司在喬布斯的帶領下成為市場的寵兒，蘋果公司成功的秘訣在於喬布斯的創新精神。根據美國專利局的數據，蘋果公司的313項專利與喬布斯有關。喬布斯的創新為蘋果公司帶來大量的財富，可以說是喬布斯成就了蘋果公司，也改變了世界。

第三，文化資本中的社會責任基因是企業價值產生影響的關鍵因素。企業履行其作為社會公民的義務能為企業獲得機會，提高銷售額和市場份額，達到商業目標。伊利集團理解並詮釋社會責任的真諦，多年來在社會公益、和諧發展上全情投入，以發展的眼光依照健康、責任、可持續發展三大標準，忠實地履行其社會責任而穩坐中國乳製品行業的龍頭位置。

第四，誠信產生的信任是文化資本產生影響力的保證。信任的文化也為企業帶來隱性的經濟收益。在企業管理中，信任的程度和組織中的信任度影響組織的結構和組織的運轉，因為有了值得信賴的行為，交易成本就降低了。信任在企業組織內部和外部的生產效用包括能夠提高員工承擔風險的能力，能夠降低成本和增加效率。

5.2.4 企業社會資本

5.2.4.1 社會資本對企業技術創新的影響

隨著信息技術的發展和組織結構的變革，組織邊界日漸模糊，組織間網路在資源配置和創新驅動方面的作用日趨明顯。企業的生產運作依賴於組織內部社會網路和組織間社會網路互動合作所形成的社會資本。企業社會資本是企業通過社會關係網路所獲得的能夠促進其目標實現的有形或無形資源。組織的存在有其特定的目的，企業也是如此，企業需要盈利，滿足股東、員工和社會的要求。企業社會資本必須是能夠幫助其實現目標的資源。

技術創新受到許多其他因素的影響，一個非常重要的因素是社會環境，即網路、規範和信任等，可以將其歸結為社會資本。由於技術創新在知識經濟社會呈現新的發展態勢——技術創新步伐加快、週期縮短，技術創新的難度增大、成本增高，創新投入的資金需求量增長迅速。這使得一般企業和個人難以獨立從事技術創新活動，必須進行合作創新。這樣個人、企業和政府等社會各界的相互學習和合作變得極其重要。一般來說，社會資本主要通過四種微觀機制影響技術創新，即學習機制、激勵約束機制、合作機制和風險控制機制。

第一，學習機制。技術創新是一種以知識為基礎的創造性活動，只有通過知識的不斷學習、交流和碰撞，才能激發出創新的火花。知識根據可傳遞性分為隱性知識和顯性知識。只有隱性知識得以轉移、傳播和整合，才能實現技術創新。隱性知識占據了整個知識的絕大部分，主要蘊藏在專家、工程師和技術工人的大腦之中，只能通過人際互動才能轉移。社會資本中的信任及網路結構提供了人際互動的基礎。信任是隱性知識分享最重要的因素，網路成員交換或分享知識，取決於隱性知識

買方是否值得信任，成員間的信任程度越高，成員間隱性知識分享也會越充分。成員間的信任也是防止投機行為發生的一種有效手段，可以使團隊成員為了團體利益共享隱性知識。社會網路是隱性知識交流的重要載體，網路成員間的社會互動越頻繁，將越有助於使隱性知識的疆界模糊化，從而有助於隱性知識的分享和傳遞，促進創新思想的形成，提高技術創新。

第二，激勵約束機制。如果將社會資本看成一種結構性制度要素，那麼社會資本同正式制度一樣可以通過激勵約束機制促進技術創新。信任作用於技術創新的激勵約束機制尤為明顯。信任可以降低對剛性控制體系的需求，嚴密的監控機制會抑制人的創造性思維，而不受或少受監控機制的約束會促進新思想的產生。信任水平越高，監控違約及不合作行為的成本越低，要求書面合約的必要性越小。這樣企業有可能將更多的時間和財力花費在技術創新上。社會的信任水平越高，則社會成員包括投資者的風險規避要求越低。技術創新離不開風險，高水平信任激勵投資者將更多的資金投資於高風險的研發活動。

第三，合作機制。技術創新依賴於信息傳播，尤其在高科技領域。信息是專業化的，專業化程度越高，技術越複雜，對合作的要求越高，而社會資本尤其是社會網路可以通過合作機制促進技術創新。高水平社會資本也能快速地擴散新技術收益。其主要機理如下：稠密的社會網路及網路參與培養了社會成員間的合作習慣及團結傾向，這種習慣和傾向不管是在微觀層次上還是宏觀層次上都產生了協同效應。微觀上，各種創造性思維的碰撞，各種思想、技能和財富的整合，有利於形成突破式的創新；宏觀上，經濟體中科技系統、管理系統和金融系統的緊密協作有助於創新成果的轉化。

第四，風險控制機制。技術創新是知識流動和資源活化的動態過程，從研發到商業化應用，其中存在著很大的風險。豐

富的社會資本可以通過資源共享、群策群力、協作發展和創新擴散等多種機制降低各種創新風險，導致高水平的創新。其主要原因如下：首先，豐富的社會資本可以使聲譽機制有效地發揮作用，阻止自私自利行為，比如擁有「壞」方案的公司可能因為擔心影響聲譽而停止模仿擁有「好」方案的公司。其次，投資人依靠公司聲譽對方案進行投資。如果公司曾經合理披露方案信息，就會提高公司在投資者眼裡的可信度。投資者將會改變對公司的預期，從而提高方案融資概率。最后，如果融資者和公司相互信任，則融資的監督成本低，因此信任環境可以降低監督成本；同時，也可以降低投資人獲取公司和方案信息的搜尋成本。

5.2.4.2 企業社會資本的獲取——影響力的反哺

第一，企業社會資本通過信任、規範、義務等關係性嵌入影響著企業的知識創造過程。信任是企業社會資本整合能力的重要方面，往往被看成行為過程中的可靠性預期，是一種期望對方不會利用自己脆弱性的信心。一般認為信任是在社會互動中產生的行動者間的交往越多，聯繫越緊密，彼此共識越多，信任就越有可能產生，越有可能持久。科爾曼認為封閉的網路更能夠產生信任；義務是信用卡，只有在可信任的社會環境中才能轉化成為社會資本；規範要求人們放棄自我利益，依靠集體利益來行事，為社會化行為的成熟與發展提供了可靠的保障。

第二，通過利益相關者管理獲得影響力。一個組織成功實現其目標的可能性越來越多地依賴於與之相互作用的或相互依存的一些群體或個人。企業作為經濟性組織，不管對其利益相關者怎麼界定，若以各個層次的企業作為一個個節點，那麼與之相聯結的各種利益相關者群體或個人就構成了社會資本理論和網路理論所描述的那種社會關係網路，只不過對企業而言，利益相關者理論將這些社會關係具體化了。這就使企業在如何

利用該網路，通過運用各種利益相關者管理方式來創造與獲取社會資本，最終達到企業發展的目的，有了更為明確的管理目標體系。

一方面，在企業內部，強調以人為本的人性化管理模式，更有利於企業內部社會資本的創造與凝聚。其具體表現為企業生產經營與技術、產品創新過程中員工之間、各部門之間的信任與合作程度、企業文化水平、團隊學習精神、知識共享度以及員工參與管理等方面。另一方面，在企業的外部關係上，相對於傳統管理理論，企業戰略網路管理和戰略夥伴關係管理等理論已經將其擴展到那些與企業有著比較直接的生產或交換的經濟利益關係者，比如資本市場和投資者、生產和技術上的合作性企業、行業協會、研究機構、供應商和消費者甚至競爭對手等。而利益相關者管理理論則進一步超越了上述界限，將這些關係繼續擴展到政府、自然環境、輿論界以及社區等，這就構建了一個更為全面的企業社會關係網路，為企業獲取與創造外部社會資本提供了更豐富的來源渠道。

5.3 基於利益相關者的供應鏈管理：企業影響力的實現途徑

5.3.1 供應鏈影響力的結構

供應鏈包括滿足顧客需求所直接或間接涉及的所有環節，不僅包括製造商和供應商，而且包括運輸商、倉庫、零售商和顧客。在每個組織機構，如製造商內部，供應鏈包括滿足顧客需求的所有職能部門。這些職能部門包括新產品開發、市場營銷、經營、分銷、融資與顧客服務，但並不僅限於此。供應鏈

是一個動態系統，包括不同環節之間持續不斷的信息流、產品流與資金流。供應鏈的每個環節都執行不同的程序，並與其他環節相互作用與影響。

在全球供應鏈格局之下，企業相互依賴關係也隨之變得更加廣泛和深化，每個企業都以其他社會機構為自己存在的條件，同時又為對方的生存提供條件。這種關係網路的形成和發展，企業選擇與有影響力的組織一起合作，整合供應鏈的資源配置，提高供應鏈效率，降低供應鏈的風險，在質與量兩方面提高供應鏈的服務能力，成為企業在生產經營中的重要追求。

根據利益相關者理論，企業在供應鏈上的供應商、客戶，甚至最終的終端客戶均是企業的利益相關者。對企業來說存在這樣一些利益群體，如果沒有他們的支持，企業就無法生存。利益相關者理論與主流企業理論的根本分歧在於，它認為企業的剩餘索取權和剩餘控制權非均衡地分散對稱分佈於企業的人力資本與非人力資本所有者之間，甚至還有更廣泛的分佈，而不是如主流經濟學派認為的集中對稱分佈於非人力資本所有者。既然消費者、社區居民等利益相關者也享有剩餘索取權，那麼企業在經營決策的時候就要考慮他們的利益要求是否滿足，而不是僅僅考慮股東利益是否最大化。

綜合考慮各個利益相關者的利益，就可以兼顧短期和長期目標、理想的結果和結果的驅動因素，也可以科學地衡量客戶關係、創新能力、質量水平、員工積極性、數據庫和信息系統等在內的一切資產在創造持續的經濟價值上所起的作用。因此，基於利益相關者理論的供應鏈管理，有助於企業識別其合作單位的影響力，同時也利於企業明晰本身的影響力的大小、強弱、規模與範圍、正向與負向等。單個企業的影響力識別矩陣如圖5.2所示。正向表示企業的影響力是良性發展的，符合社會公眾的期望，甚至超出期望；負向表示企業的影響力沒有達到公眾

的期望，甚至出現了有違社會公認價值觀的影響；強與弱表示影響力的大小。顯然，A 區間是每一家企業營造、利用影響力的追求方向；D 區間是禁區，不能跨雷池一步；B 區間是大多數企業的現狀；C 區間的企業則是在市場中實力不濟且麻煩纏身。

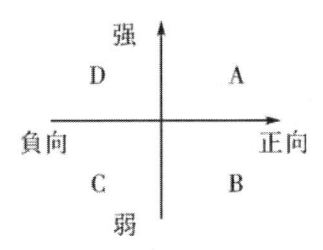

```
           強
        D  │  A
   負向 ───┼─── 正向
        C  │  B
           弱
```

圖 5.2　企業影響力的維度

　　對於供應鏈來說，選擇合作夥伴，是企業成功的重要基礎，基於潛在合作夥伴影響力的分析。很顯然，處於 A 區間的企業對於潛在的合作夥伴具有較大的吸引力，並且有可能成為多條供應鏈的節點企業，如果 A 區間的企業影響力越強、越正向，該企業成為供應鏈核心企業的可能性越大。同時，供應鏈核心企業會利用其強大的影響力，對其他節點企業施加影響，從而使得整條供應鏈的影響日益符合各利益相關者的期望，滿足社會公眾對於商業倫理的價值訴求。一旦供應鏈中的節點企業的影響力偏離了 A 區間，則會對整條供應鏈造成負向的影響，削弱供應鏈的競爭力。如果某節點企業的影響力滑向了 D 區間，則合作夥伴有可能將它拋棄，降低其對供應鏈的影響（如圖 5.3 所示）。

　　因此，企業在商業實踐中，不但要樹立正確的價值觀、踐行符合利益相關者期望的商業倫理規範，而且需要不斷判別其他供應鏈企業的影響力的維度，識別其所在區間，為供應鏈管理提供理性決策。事實證明，基於企業影響力分析的供應鏈管理是企業提升競爭力的一種方式。企業競爭力在很大程度上取

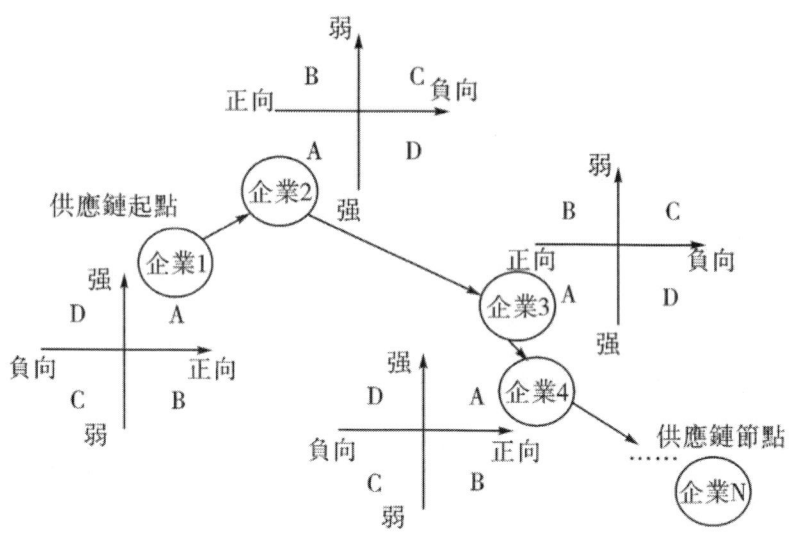

圖 5.3　基於企業影響力的供應鏈夥伴選擇

決於自身的產品以及對供應鏈的控制與把握。供應鏈上的供應商、分銷商等都會對企業的產品產生影響，為了確保產品的安全與質量，需要企業與供應商、分銷商等合作夥伴共同營造供應鏈的影響力。此外，供應鏈企業為了增強對供應商、分銷渠道等合作夥伴的控制力，也需要對供應商、分銷商等的影響力提出一定的要求。

5.3.2　供應鏈管理中社會責任的影響

供應鏈形成的原因在於企業面臨的市場環境發生了巨大的變化，從過去供應商主導的、靜態的、簡單的市場環境變成了現在顧客主導的、動態的、複雜的市場環境，供應鏈實現了企業與其利益相關者之間的價值流動。供應鏈管理就是對供應鏈條中的利益相關者等進行的管理，通過計劃、組織、協調、控制等管理活動來實現供應鏈的優化，以實現價值的傳遞。企業社會責任發展的高級階段更多地關注持續發展責任，如促進社會公正、生態環境的保護等。企業的社會責任已不僅是企業對

自身經濟行為的道德約束,而且已擴展成為企業整體供應鏈中包括供應商、零售商在內的社會約束。目前的供應鏈管理大多忽視了企業社會責任的變化,也沒有認識到供應鏈管理中存在的社會責任問題的影響,使得供應鏈管理未隨著社會責任的發展進行相應的完善,凸顯了不少的風險。

5.3.2.1 安全生產問題

供應鏈的安全生產包括產品質量的安全與生產過程的安全。產品質量是企業社會責任建設之本。企業想獲得長足發展,必須建立嚴格的產品與服務質量控制體系;在生產中加強責任心,嚴把產品質量關,只有產品質量達標,沒有安全隱患,才能取信於顧客,才能立足於行業。企業的供應商往往共同參與企業產品的開發,供應商產品質量的改進對企業提高產品質量也有顯著影響。一些企業忽視對供應商產品質量的要求,最終導致企業經營困難甚至破產。例如,某些乳製品企業對於供應商的原材料質量控制不嚴格,引起企業震動乃至整個行業重新洗牌。生產過程安全包括完備的生產條件、生產安全防護、員工的職業健康和權益保障等方面,企業要加強對供應鏈成員企業的生產安全事故、職業中毒、員工權益受侵害的事件的管理。企業要杜絕「血汗工廠」出現在本供應鏈,對出現這種情況的供應商要提出整改意見,甚至取消訂單。

5.3.2.2 不道德契約問題

一般情況下,企業與供應商、銷售商的關係是基於法律、訂單及合同存在的,目的是為自己爭取到合適的價格及確保商品的質量。企業與供應商、銷售商關係的存在基礎是利潤的保障,因此對抗、競爭始終是企業與供應商、銷售商之間的主導關係。如何處理好與供應商、銷售商的關係是企業實施供應鏈管理時所要解決的首要問題。在利益驅動下確定的這種關係難免存在著不道德契約問題。不道德契約往往違反契約道德包含

的兩個規範性要求：一是買賣是建立在交易各方相互意見一致的合意基礎上的；二是契約包含買賣是交易各方在地位平等的基礎上，按照自己的意志自由選擇結果的意思。如果主體不平等和信息不透亮則會產生不道德契約。在曾經沸沸揚揚的問題奶粉事件中，正是由於原材料供應商社會責任的缺失，才引起整個供應鏈的坍塌，而緣由則是企業在激烈的競爭壓力下，將較多不合理的成本壓力給上游供應鏈，而作為供應鏈的頂端的奶農則在利益的驅動下，採取非法的措施來增加自己的收入。

5.3.2.3 外包信用問題

所謂外包，是指企業將自身建設能力不足的業務委託給第三方或第四方，充分利用外部資源的優勢。其體現的是一種比較優勢，能夠減少企業成本，提高供應鏈管理的效率，保證經濟效益。供應鏈管理的實施可使原來客觀存在的供應鏈有機地連接起來，供應鏈上的企業更多的是注重其發揮核心業務、發揮自己的專業優勢，而對非核心業務則採取資源外購或業務外包形式加以解決。因此，外包已經成為目前供應鏈管理所考慮的重要方面，但外包策略的執行具有一定的信用問題。例如，外包企業的非社會責任問題，供應鏈核心企業如何對其進行約束與監督；外包企業如何對業務發包企業的技術、信息保密；大量的製造業務外包，核心企業如何對其生產製造過程進行監督，以保證產品質量及加工環節符合社會責任規範；等等。

5.3.2.4 環境保護問題

社會責任要求企業的經營管理要考慮到環保的需要。環境保護立法也迫使企業必須對可能造成環境污染的產品及包裝的整個生命週期負責。實踐證明，粗放經濟增長方式造成的能源短缺、環境污染，已經嚴重阻礙經濟的發展。在信息技術、管理技術、網路技術、電子商務高度發達的今天，廣泛實施供應鏈管理，利用網路化、信息化、智能化的技術來整合集成供應

鏈企業已有資源，對於提升企業的運作效率，降低企業的營運成本，提高企業的經濟效益，實現精益生產、精益物流，最終構建節約型社會，實現經濟可持續發展是必不可少的。隨著經濟的發展和生態觀念的成熟，傳統的以生產效率為目標的供應鏈管理表現出更多的不良問題，並且呈現出加強的趨勢。雖然帶有環保性質的閉環供應鏈、綠色供應鏈等概念已經提出，但仍需在實踐中得到加強。

5.3.2.5 雇員福利問題

雇員的福利與雇員的工作積極性及勞動生產率之間的關係無疑是很明顯的。雇員福利雖然是企業支付的成本，一定程度上影響到企業的財務營運狀況，但是雇員福利的提高有利於提升雇員的工作效率。企業雇員是供應鏈管理的實踐主體，雇員素質及其滿意程度的高低決定著供應鏈管理實施的好壞。企業社會責任對雇員福利的關注雖然較早，但目前的供應鏈管理更多地將關注點放在流程上和企業經濟利益的獲取上，忽視了對企業雇員的關心，甚至將員工福利作為一種成本負擔，這顯然是不利於供應鏈的管理。

上述問題的存在，使得企業不得不關注供應鏈上其他企業的影響力，否則會給企業帶來巨大的經營風險。一是消費者拷問的風險。隨著公平觀念的深入，消費者開始逐漸關心商品後面的環境安全和勞工權益問題。例如，消費者在購買商品的時候開始關心這個商品在生產的過程中是否造成環境污染，生產這個商品的工人是否在一個安全的工作環境下生產、是否能拿到能維持生計的工資、是否每月能有合理的休息時間而不是過度加班。二是供應鏈的傳導風險。風險的傳導載體主要包括產品、資金、規則、聲譽等。例如，近年來不斷發生的產品召回事件，大至汽車，小至筆記本電腦、芭比娃娃等，都是由於上游供應商將質量有缺陷的產品提供給下游企業，同時也傳導了

風險。三是錯位的風險，包括供應鏈影響的層次錯位、目標錯位等。

5.3.3 提高供應鏈管理中企業影響力的方式

企業在商業運行中如何提高在基於利益相關者的供應鏈之中的影響力呢？建立信任機制、加強協同管理、建立關係專用性資產、加強合作各方的信息對稱性等是有效的方式。

5.3.3.1 信任機制

信任是供應鏈夥伴關係中最常見的研究部分。信任增強了供應鏈企業間加大合作力度的可能性：首先，降低了合作夥伴間未來合作的不確定性，從而增加了供應商和零售商之間的協作活動。其次，降低供應鏈上的任何一家節點企業的脆弱性被其夥伴利用的風險，特別是在關係到管理風險投資與其他金融決策時。最后，加強管理企業間的合作安排，降低管理成本控制。對於企業供應鏈來說，供應鏈的成本越低，就意味著企業的獲利空間越大。供應鏈是由信任支撐的組織結構，信任被視為供應鏈產生和發展的重要因素，是實現供應鏈目標的決定性因素之一，可以更經濟地減少供應鏈內部的複雜性與不確定性。

5.3.3.2 協同管理

針對供應鏈上各節點企業的合作所進行的管理，是供應鏈中各節點企業為了提高供應鏈的整體競爭力而進行的彼此協調和相互努力。一個採用這種聯合控制機制的交叉性和綜合性的管理部門可以加大合作的深度，避免管理中的混亂和不確定性。一個規範完整的組織管理結構對發展、維護和監測協作企業間良好的供應鏈夥伴關係有非常大的好處。同時，建立明確的合作規則以及合作規則的協調是成功的協作企業間實施合作的重要因素。聯合決策系統也經常作為一個成功的合作夥伴關係的重要因素。協同管理還可以減少企業之間的信息不對稱，提高

組織學習和知識轉讓的效率。供應鏈協同管理的目的就是通過協同化的管理策略使供應鏈各節點企業減少衝突和內耗，更好地進行分工與合作。

5.3.3.3 關係專用性資產

關係專用性資產是一種單純支持指定交易的投資，當一筆交易涉及關係專用性資產，此筆交易的各方要付出一定成本才可能更換合作夥伴。關係專用性資產的投入改變了合作各方的性質、態度和需求。關係確立之前會存在競爭性和多種選擇，關係確立之後關係專用性資產成為沉沒成本，相關各方幾乎沒有其他的選擇餘地。供應鏈上各節點企業的關係專用性資產投入，決定了關係的緊密程度，也為相互之間的協同管理、信任機制和信息共享提供了經濟上的基礎。加大關係專用性資產的投入可以提高夥伴關係實施的執行度，可以延長供應商與零售商之間的合作週期，儘管可能由此產生供應商與零售商之間的遏制問題。

5.3.3.4 加強合作各方的信息對稱性

這是合作夥伴之間在信息、文化、資產規模和風險投資經驗水平等合作特徵方面的異同。合作夥伴特徵的差異可能產生有不利影響的夥伴關係。經營方面和戰略方向的不對稱性（水平、垂直以及與關聯企業之間的比較）對供應鏈合作關係性能的實現會產生負面影響。其他不對稱性可以表現在國家或社會文化層面上。戰略合作夥伴之間的相似性正是相關的成功合作關係確立的前提。

5.4 基於價值分享的品牌管理：企業影響力的整合傳播

5.4.1 品牌價值的來源與管理

5.4.1.1 品牌價值的來源

品牌是企業影響力的客觀表現，品牌管理也是企業影響力塑造的重要途徑。中國企業特別是製造業企業，普遍對企業品牌不夠重視，結果導致中國企業的企業品牌影響力偏弱，在全球範圍內缺乏與其經濟地位相稱的企業影響力。2014 年，中國僅有華為一家企業名列全球百強品牌榜，名次為 94 位。強勢企業品牌一旦建立，不僅能夠加快中國企業對新興海外市場的滲透速度，也能促成海外併購和聯盟的建立，形成相對競爭優勢。任何有志於全球化的中國企業領導人，都應該首先將塑造具有國際影響力的企業品牌提升到戰略高度來重視。企業品牌比產品品牌更重要，原因在於：一是企業品牌更容易創造競爭對手難以複製的差異化。產品和服務可以類似，但背後的企業（組織）很難雷同。二是強勢企業品牌能給旗下產品品牌更多自由發揮的空間。三是企業品牌是所有品牌資產中最穩定也是最重要的戰略資源，強調的是傳承和歷史，產品品牌則可以推陳出新。

對於消費者來說，物品的效用通過物品本身的效用價值得以說明。而在現實的經濟生活中，當物品以品牌的形式表現時，消費者所能記得的是這個品牌對他的效用。一輛汽車使消費者感覺到的是他擁有一輛某品牌的汽車，這個品牌的汽車不僅給他帶來了出行的方便，而且還給他帶來了對身分與地位的說明。

一個品牌支撐下的商品對消費者是否具有效用，取決於消費者是否有消費這種商品的慾望以及這種商品是否具有滿足消費者慾望的能力。在現實生活中，品牌的實際效用和品牌的感知效用是緊密相連的兩個概念，並且二者可以進行比較，進而形成消費者感知品牌的效用差值。這種效用差值稱為消費者剩餘，表現為消費者購買某品牌的產品與服務所獲得的實際效用與消費者購買該品牌產品與服務所期望獲得的效用之差。如果消費者獲得了一個正向的效用差值，即這個實際值大於期望值，則說明這個品牌對於一個具體的消費者而言存在著效用價值，亦即存在著消費者剩餘，這實際上就是前述的情感、文化等要素形成的價值。如果這個差值很大，消費者對這個品牌的滿意度就很高。這就是經濟學意義上的品牌價值。消費者剩餘越大，品牌價值越大，品牌的影響力就越大。

　　品牌價值是提高市場份額的有力保障。品牌價值可以增加或減少顧客所購買的價值，因為品牌價值能夠為顧客解釋、加工並儲存大量有關他們所購買的產品的信息，還會影響顧客的購買決定。品牌的品質認定和品牌聯想都可以影響到顧客的消費滿意程度。即使本品牌不能夠保證顧客會將其作為唯一的選擇品牌，但也能夠勸說顧客盡量地使用本品牌而不是促使顧客去嘗試其他品牌。品牌價值還可以左右銷售渠道，經銷商與顧客一樣，對那些共同認可的強勢品牌有更大的信心。

5.4.1.2 品牌價值的管理

　　生命週期觀要求管理者從生命週期的角度對品牌價值實施管理。一個品牌的正常發育和成長要經過進入期、知曉期和知名期。這是一個漫長的累積過程，需要企業認真地進行塑造、經營。任何急功近利的行為勢必導致品牌發育的缺陷，並最終成為品牌夭折的隱患。在品牌的進入期，品牌必須依靠產品具有競爭力的功能特性來贏得特定的市場，即合理的產品定位同相

適應的市場定位相結合。此時，品牌價值管理的重點是將特有的產品功能傳遞給需要的客戶群，讓他們熟悉品牌的名稱、標示、符號、圖案以及品牌所傳遞出來的品牌意識。在知曉期，企業應著力打造品牌的美譽度、忠誠度，利用口碑作用吸引更多的潛在顧客，實現品牌的重複購買和價值增值。在知名期，品牌價值已經達到高位，管理的重點就在於對品牌值的維護與文化價值的挖掘。一旦品牌不幸進入衰退期，此時就應通過投入產出分析，選擇對品牌進行重振或放棄。

　　品牌資產作為一種無形資產，其價值成分中必然蘊含著培育、創造、文化和情感的東西，這實際上也是企業的付出，是一種企業為創造品牌價值所付出的勞動。沒有這種勞動，品牌的文化價值、情感價值等超實體的價值部分也就不可能存在。品牌的差別價值部分就是由這部分價值延伸而來的，其來源於企業的文化和企業為培育品牌而進行的投入，表現為企業品牌的個性、風格、創造力和影響力等，最終形成企業品牌與其他同類產品品牌的價值差。

　　因此，企業品牌的影響力不一定能用簡單的價值評估。舉例來說，一家市場價值最高的企業未必是一家最受尊重或最有影響力的企業。從市場影響力的角度來說，企業的品牌價值分為三個階段，分別是能夠為客戶提供一定的品牌保證；能夠改變市場看法和提高營銷的效率；兼顧全市場和細分市場。從行業影響力的角度來說，最高階段的企業品牌應該是行業的塑造者，通過開創新的業務模式，倡導新的行業標準，引導行業重組價值鏈結構。從社會影響力角度來說，品牌從高到低依次要有公眾認可度、員工認可度和政府認可度。

5.4.2　品牌價值的傳播與分享

5.4.2.1　品牌傳播的核心價值

市場經濟的發達和信息流動速度的加快強化了理性經濟人實現效用最大化的決策能力。消費者要求產品能夠同時滿足其生理（物質）需求與精神需求，這對產品包含的使用價值和文化價值提出了更高的要求，企業讓渡的使用價值已不是消費者支付貨幣選票的唯一動因。這種消費需求的微妙變化昭示著以「認牌消費」為主要特徵的「心經濟」時代已經來臨。「認牌消費」主要是指消費者對產品品牌核心價值的評估與決策的過程。品牌核心價值是企業從自身品牌特徵和品牌目標出發而理性確定的終極追求及相應訴求。品牌核心價值是對品牌內涵最深層次的歸納，是企業進行品牌創新、提高品牌競爭力與核心競爭力的重要基礎。知識經濟繁榮使「創意」和「標準」成為具有高附加值的新生產方式。用品牌輸出取代資本和商品輸出，成為發達國家在全球組織資源進行經濟擴張的主要手段。品牌輸出的前提是品牌的傳播。

在品牌傳播中，需要全面認識企業品牌核心價值體系（Core Value System of Brand，CVSB）。CVSB 是以商品為載體，以滿足目標消費者需求為目的，以企業價值觀為準則，以不斷提升企業科技創新能力和文化整合能力為動力，通過與外部環境進行物質與信息交換，不斷調整和優化其內部組織結構與外在形式的有機體系。CVSB 的科技內核和人文內核分別體現品牌核心價值構建中科學精神和人文精神的訴求。前者要求企業提升科技創新能力，完善工藝流程，滿足消費者維持、保護、延續和發展生命的生理需求；后者要求企業提升文化整合能力，秉承消費者至上原則，尊重生命、人性及人的價值，傳承歷史文化，挖掘品牌個性，滿足消費者的精神需求。

5.4.2.2 品牌傳播的一致性

在品牌傳播中，要注意維護品牌的價值特徵。品牌與商標的區別在於品牌的人格化特徵，即對某種品位、品質、個性、風格、信譽、文化觀念等價值特性的標示，這種價值性的改變與消失就意味著品牌價值的消亡，因此品牌價值特徵的維護是一個已經確立的品牌延續與存在的基礎。品牌價值特徵的維護以保持品牌價值特性為目的，對以該品牌標示的產品與服務的營銷活動以及對該品牌的維持和擴張性宣傳活動進行管理，包括從橫向和縱向兩方面維護品牌價值的一致性。

橫向一致性是指同一時期內品牌價值特徵保持一致。橫向一致性管理通過產品的品牌化管理得以實現，在對產品功能和價值特徵進行評估的基礎上，決定一個品牌用於哪些產品品目、哪些產品品目該加入或從該品牌中刪去，以維持品牌的特有風格和價值特徵。這種管理對多品種、多品牌的企業尤其重要。在廣州寶潔公司的品牌群中，同樣是洗髮水的品牌，「潘婷」提示著具有營養頭髮的作用，而「海飛絲」則強調去頭屑的功能。每一種品牌下都有若干種具體產品品目，但每一個產品品目都與其品牌所代表的特徵相適應。試想，如果對品牌宣傳的價值特徵，消費者在產品鑑別與消費中無法感受到，或與宣傳信息不一致，或同一品牌下的幾個產品品目所反應的特徵不一致，則品牌所代表的價值特徵就無法被消費者強化和記憶，品牌就無法確立。

品牌的縱向一致性是指隨著時間的推移，品牌能夠存在並保持其價值特徵的一致性，即在目標市場人群中能維持對品牌價值的認同和偏好強度。這是品牌長期支持經營活動的前提，也是其作為無形資產得以續存的基礎。品牌一刻也離不開產品或服務的依託，消費者只有通過不斷地購買、使用產品或服務，通過對價值特徵的感受，完成對品牌的強化和記憶。對消費者

來說，一種感受、偏好、價值觀具有穩定性、持久性，而支持它們的物質却可以是不斷變化的。

5.4.2.3 品牌分享的美學特徵

在品牌的傳播與分享中，還要注意品牌的審美追求和消費者的心理預期，即考慮品牌的美學訴求與追求。和產品所表達的情感信息相比，消費者在同類產品上能獲得的功能價值差距由於市場白熱化的競爭逐漸縮小。因此，在做出購買決定時，消費者更傾向於能夠滿足自己情感訴求或更符合自我形象和期望的品牌。品牌的製造者若能使用外界的視覺和聽覺形象引起人們的情感反應，不但有利於和消費者建立利益關係，更有利於傳播自身的品牌形象。

品牌的審美文化使品牌文化表現出更強的獨特性。現如今，產品的被模仿速度逐漸加快，但是品牌所賦予產品的無形資產——感性價值難以模仿，特別是對消費者而言，品牌美學如同自己的心理堅持一樣彌足珍貴。對於表達同一訴求的品牌，消費者的忠誠度更加不可侵犯。為什麼人們願意付出比產品成本多出幾十倍甚至上百倍的金錢去購買路易威登（LV）包？因為消費者最終得到的不僅是一個名牌包，還有品牌賦予消費者的心理安慰和身分象徵。當然，這和LV品牌誕生之初就開始費盡心機打造的品牌觀念密不可分。

5.4.2.4 品牌價值分享的信息源選擇

傳統的品牌媒介傳播依靠紙質媒體等傳統媒體過多地去拉攏、引誘消費者，消費者被過量的信息轟炸。而社交網站恰恰是讓消費者自己決定去關注哪些品牌、關注品牌的哪些方面，社交網路服務的粉絲群聚集了大量興趣特點相同的人們，他們在網路上發表意見看法，這些評價信息量大且集中，一旦具有相關產品知識的人群形成規模，將會給消費者形成不容小覷的影響力。

仍然以奢侈品的品牌傳播為例，據世界奢侈品研究協會調查顯示，42%的富裕消費者認為「來自於可信信息源的排名和評價」是影響其購買決策的最重要的因素。那麼在信息真實可信的情況下，大量同伴所聚集出的大量經驗對奢侈品的購買者來說是專業的，同時奢侈品品牌對於顧客消費體驗及信息的掌握也將更為可靠。社交網路的這種特徵將使其成為奢侈品未來根本的、首要的傳播方式。企業應盡快參與到社交網路服務中，通過建立粉絲群、舉行特別優惠活動或者是簡單的標題廣告，達到品牌傳播的目的。

5.4.2.5 品牌價值分享中利益相關者考量

品牌價值是由品牌與公司利益相關者共同創造的。因此，在品牌的傳播與分享中還要考慮與利益相關者一起分享品牌價值，利益相關者之間的品牌分享往往通過文化、社會責任來實現。

品牌與文化間有強大的聯繫，品牌與文化相互之間有同等的影響。文化可以協調動態的和複雜的品牌利益相關者關係網路。加德·瓊斯（Gyrd Jones）和克魯姆（Kornum）考慮了品牌與其利益相關者背後的複雜生態系統在創造協同效果中發揮的作用。他們發現利益相關者的互動可以增加品牌價值；協同效果的產生有賴於價值和文化的互補，但當企業與利益相關者間的直接互動關係缺乏文化間的互補時，協同效果也會被破壞。

品牌與社會責任也有較強的聯繫。托雷斯（Torres）等搜集2002—2008年10個國家和地區的57個全球知名品牌的面板數據進行實證檢驗。結果表明各利益相關者團體的社會責任都對品牌權益有正面影響。遵循當地社區社會責任政策的品牌獲得了強大的正面效益。因此，若要增加品牌價值，需要將企業戰略與滿足各利益相關者的利益相結合，樹立負責任的企業形象。

6 基於模糊層次評價的企業軟實力指標建構與測度

6.1 引言與回顧

約瑟夫·奈（Joseph S Nye，1990）首次提出軟實力的概念，其后他在多篇文章與著作中加以展開論述，使軟實力的思想得以繼續運用、補充、擴展與完善，軟實力作為一種理論逐漸為研究者所關注。約瑟夫·奈認為對特定資源的佔有是一種硬實力，是潛在的實力，而要讓其發揮效用，必須具備一定的潛在實力轉化能力，這種轉化能力就是軟實力。因此，軟實力本質上是一種吸引力與影響力，包括文化、價值觀、行為準則、外交政策等方面。軟實力的使用存在兩個基本前提：他人承認這種實力；那些期望使用這種實力的人能夠將它轉化成用以達成目標的手段。國外關於軟實力的研究最初主要集中於國家軟實力層面，包括政治、經濟、外交、文化、人力資本軟實力五個方面的視角。其后，有研究者將軟實力的研究引入到企業競爭領域，約菲和科克（Yoffie & Kwak）提出可以用軟實力來管理存在互補產品的企業，提升企業資源利用效率。奎爾奇（Quelch）認為成功的企業在競爭中利用軟實力的能力占優。

國內的研究者主要研究企業軟實力，普遍認為企業軟實力是國家軟實力的基礎與重要實現形式。對於企業軟實力的內涵，研究者主要從能力與表現兩個方面來表述他們的研究結論。企業軟實力包括對外占領利益相關方的心靈，對內依靠員工心智能量以達到企業目標的能力，是企業一種制度化的軟權力。相對於硬實力，企業軟實力表現為企業的商務模式、創新體制、經營理念、企業文化、社會責任意識、社會聲望與品牌影響力等。企業軟實力具有有利於企業實現目標、無形而又難以單獨計量、難以被對手複製而具有獨占性、能夠產生凝聚力與激勵士氣、需要長期累積、動態與輻射性地幫助企業獲取新的市場領域和持續競爭優勢等特徵。企業軟實力不是由單個資源所產生，而是源自其他資源與軟資源相互聚合成一種新的資源。企業通過佔有這種資源，通過企業的傳播系統實現與企業利益相關者的互動，最終獲得他們的價值認同，獲得感召力、創新力、凝聚力所表現的吸引力，從而形成企業軟實力。

　　關於企業軟實力的構成維度與結構，鄧正紅構建了一個縱橫交錯的企業軟實力綜合體系，縱向包括趨勢預見力、環境應變力、資源整合力、文化制導力、價值創新力，橫向包括外部的社會責任與內部的價值創新。有研究者補充了形象影響力、思想感召力、集成整合力、執行管控力等維度。在如何建設企業軟實力方面，研究者主要提出企業文化建設、團隊建設、管理與技術創新、誠信與社會責任建設、企業形象建設、創造軟環境等對策建議。

　　在對企業軟實力的相關研究進行簡單梳理後，我們可以發現，研究者普遍以企業資源與能力理論為理論基礎。企業資源分為硬資源與軟資源，前者是后者發揮作用的基礎與保障，后者引領前者的發展方向，兩者共同作用，形成企業實力。企業軟實力以軟資源為基礎，通過組織行為對多元利益相關者產生

影響進而獲得持續的認同。因此，提升企業軟實力是企業塑造核心競爭力的關鍵。對於如何提升企業軟實力，已有的研究更多是一些定性的描述，而缺乏定量分析，對如何評價一個企業軟實力的強弱以及類似企業軟實力的比較分析等也缺乏科學系統的考量。本部分將在前人的研究基礎上科學地建構企業軟實力的指標體系，並對企業軟實力進行定量評價，為提高企業軟實力提供科學的決策依據進行論述。

6.2 企業軟實力的評價方法與指標構建

評價企業軟實力的強弱需要建立一套科學、系統、層次分明、實用與簡約化的評價指標體系，並選擇科學的評價方法，構建合理的評價模型。

6.2.1 企業軟實力的評價指標

本部分主要參考丁政的四維二層次模型，他將企業軟實力歸納為核心思想、核心策略、強勢行動、品牌形象4個一級指標；再結合張強、郭德、孫海剛等人的觀點，根據要素相斥、系統整分合、簡約明晰的原則，將企業軟實力指標構建為4個一級指標、16個二級指標的層次體系（如表6.1所示）。

企業軟實力的構建首先需要企業內部利益相關者的認同，表現為理念凝聚力，包括共享核心價值觀、建設以人為本的企業文化、追求卓越與持續提高的精神以及與多元利益相關者合作共贏的經營思想；其次是對於企業資源、要素的配置與整合體現出高出競爭對手一籌的差別，包括樹立明確的戰略目標，合理的資源配置計劃與調整能力，精細化、約束與激勵相容的管理制度，持續改善的組織學習能力與創新能力；再次是戰略

規劃與經營計劃的決策執行能力，包括正確、有效的決策，持續保持領先一步且根據複雜的市場環境動態調整的行動能力，明確、詳細、無遺漏、高效的規則與流程，快捷、無障礙的信息溝通；最后體現為對企業外部利益相關者的影響與吸引力，包括正確的社會責任觀，和諧、清晰的公共關係，高素質的員工與良好的員工精神風貌，令人讚嘆的品牌聲譽與企業信譽等。上述因素構成了企業軟實力評價的指標體系。

表 6.1　　　　　　　　企業軟實力的指標體系

企業軟實力的指標				
一級指標	理念凝聚力	要素整合力	決策執行力	社會影響力
二級指標	價值認同	戰略目標	決策有效	社會責任
	人本關懷	資源配置	行動敏捷	公共關係
	追求卓越	管理制度	規則流程	員工素質
	協作共贏	學習創新	信息暢通	品牌聲譽

6.2.2　企業軟實力的評價方法

國內關於企業軟實力的評價方法方面的文獻相對較少，多數研究只構建了指標體系，未進行相關評價。郭德利用層次分析法對企業軟實力評價體系進行了研究。李杰運用比較分析法、定量與定性結合分析法、系統分析法等，根據從企業軟實力理論模型到評價指標體系和評價方法再到實證分析的邏輯體系，提出並建立企業軟實力評價體系並進行了實證研究。張菡姣用因子分析法與層次分析法設計企業軟實力評價指標體系，進而運用到實踐，對企業軟實力的發展情況進行評價。本部分擬採用層次分析法與模糊綜合評價法相結合的方法來評價企業的軟實力，並構建相關模型，進行實證分析。

第一，建立企業軟實力的指標體系，分析各要素之間的關係及建立層次結構模型。$B = \{B_1, B_2, B_3, \cdots, B_i\}$，是 i 個一級指標。$B_i = \{B_{i1}, B_{i2}, B_{i3}, \cdots, B_{ij}\}$，$B_{ij}$ 是 B_i 的下層有 j 個二級指標。根據企業軟實力的評價體系，各層次的指標兩兩比較並量化成相應的判斷矩陣。例如，第一級指標的判斷矩陣見表 6.2 所示。量化指標的賦值 $X = \{X_{11}, \cdots, X_{ij}, \cdots, X_{ii}\}$ 為專家或評估人員根據評價量表主觀判斷決定，根據指標的重要性程度，賦值為 1~9 的整數，並且 X_{mn} 與 X_{nm} 互為倒數，X_{ii} 取值為 1。

表 6.2　　　　　　　　　指標判斷矩陣

A	B_1	B_2	$\cdots$	B_i	W_z	$W_z^{\,1}$	λ_{max}
B_1	X_{11}	X_{12}		X_{1i}			
B_2	X_{21}	X_{22}		X_{2i}			
$\cdots$							
B_i	X_{i1}	X_{i2}		X_{ii}			

第二，根據判斷矩陣的數據，用方根法計算某指標的相對權重 W_z（$z = 1, 2, 3, \cdots, i$）。

$$W_z = \sqrt[i]{X_{n1} \times X_{n2} \times \cdots \times X_{ni}}$$

再用歸一法計算該指標的相對重要程度 $W_z^{\,1}$。

$$W_z^{\,1} = \frac{W_z}{W_1 + W_2 + \cdots + W_i}$$

第三，判斷矩陣的一致性。

先計算判斷矩陣的特徵值。

$$\lambda_i = \frac{\sum (X_{ij} \times W_z)}{W_z}$$

再計算判斷矩陣的最大特徵根的近似值。

$$\lambda_{max} = \frac{(\lambda_1 + \lambda_2 + \cdots + \lambda_i)}{i}$$

然后計算矩陣的一致性。

指標 CI 可用下式計算：

$$CI = \frac{(\lambda_{max} - n)}{(n - 1)}$$

指標 RI 通過查表獲得。

一致性比率 $CR = CI/RI$。如果 $CR \leq 0.1$，則矩陣是滿意的；否則重新建立判斷矩陣。

第四，同理，可以用同樣的方法計算每個一級指標下層各第二級指標的相對重要程度與權重。

$$W_{k2} = \{W_{12}, W_{22}, \cdots, W_{y2}\}$$

第五，由企業中高層管理人員、利益相關者管理人員、外部專家學者等構成被調查對象，對被評價企業軟實力的 4 個一級指標 16 個二級指標根據高、較高、一般、較低、低五個等級進行評價，評價結果構成頻數統計表，根據頻數統計表計算每個一級指標下各二級指標的相對得分矩陣 R。

對每個一級指標進行模糊複合變換，計算每個一級指標的綜合評判結果。

$$S_1 = W_{k2} \times R$$

再根據各一級指標的權重匯總計算總的模糊綜合評判結果 S_z。

第六，計算該企業軟實力的最終得分 Q。用中位數（95，85，70，50，20）矩陣 U 表示高、較高、一般、較低、低五個等級的分數，則：

$$Q = S_z \times U$$

6.3 數據來源與企業軟實力測度

6.3.1 數據來源

被評價企業主營業務為商業零售，通過多年的內涵式發展與外延式擴張，該企業已經在同行業具有相當的規模與影響力，企業高層意識到增強企業軟實力是今后突破發展瓶頸的重要條件，因此需要對企業當前的軟實力現狀作出客觀評價，以期望獲取軟實力與目標存在差距的指標信息。

我們採取專家意見法獲取指標權重初始數據，並用層次分析法確定指標權重，在此過程中進行一致性檢驗；採取問卷調查的方式獲取多元利益相關者對被評價企業軟實力指標的評價初始數據，並用模糊綜合評價方法對數據進行處理。

為了對該企業的軟實力做出評價，我們設計了調查問卷，調查問題主要是根據前述的16個二級指標來展開。例如，價值認同指標設計的問題為「員工、消費者、社會公眾、政府組織等是否被企業價值觀吸引」。問題設計採用五級量表，分別為低、較低、一般、較高、高五個選項，被調查者根據自己對該企業軟實力的瞭解獨立作出判斷與選擇。我們最后統計每項指標包含問題的各個選項的頻數。

為了更加客觀、有效地評價該企業的軟實力，我們對調查對象進行了預先的甄別。調查對象根據問題分為兩類：要素整合力、決策執行力兩方面問題的調查對象全部為該企業員工（其中高層管理者占比為3%，中層管理者占比為10%，基層管理者占比為40%，普通員工占比為47%）；理念凝聚力、社會影響力兩方面問題的調查對象除了該企業員工外，還包括競爭對

手管理者、消費者、社會公眾、行業協會工作人員、當地大學管理專業老師、供應商等（其中該企業員工占比為30%、企業外部人員占比為70%）。我們共發放問卷200份，回收問卷200份，有效問卷200份。我們通過SPSS 17.0對調查結果進行可行性分析，Cronbach's α 值為0.842,7，可信度較高。企業軟實力各二級指標調查結果的頻數統計如表6.3所示。

表6.3　　　　　被調查企業的軟實力調查統計

一級指標	二級指標	低	較低	一般	較高	高
理念凝聚力	價值認同	6	23	78	56	37
	人本關懷	2	29	45	81	43
	追求卓越	0	15	104	41	40
	協作共贏	0	9	118	66	7
要素整合力	戰略目標	13	40	69	53	25
	資源配置	3	27	59	73	38
	管理制度	0	42	84	36	38
	學習創新	0	45	91	43	21
決策執行力	決策有效	5	34	65	67	29
	行動敏捷	0	17	43	78	62
	流程規則	0	23	79	86	12
	信息暢通	8	30	62	57	43
社會影響力	社會責任	0	37	74	59	30
	公共關係	7	48	127	15	3
	員工素質	5	20	162	6	7
	品牌聲譽	0	57	123	18	2

6.3.2 企業軟實力測度

6.3.2.1 確定指標權重

為了合理確定企業軟實力各指標的權重，我們特請 7 位管理專家採用專家意見法進行測評，然后根據他們的測評結果利用層次分析法計算各指標的權重。最后確定的權重見表 6.4、表 6.5（已經通過一致性檢驗）。

表 6.4　　　　　　　　一級指標權重

指標	B_1	B_2	B_3	B_4
權重	0.387,2	0.318,5	0.183,6	0.110,7

表 6.5　　　　　　　　二級指標權重

指標	權重	指標	權重	指標	權重	指標	權重
B_{11}	0.312,6	B_{21}	0.174,4	B_{31}	0.285,6	B_{41}	0.286,7
B_{12}	0.223,8	B_{22}	0.357,1	B_{32}	0.342,9	B_{42}	0.209,6
B_{13}	0.298,3	B_{23}	0.213,7	B_{33}	0.301,8	B_{43}	0.214,2
B_{14}	0.165,3	B_{24}	0.254,8	B_{34}	0.069,7	B_{44}	0.289,5

6.3.2.2 模糊層次評價

對上述調查結果運用多層次多算子二型模糊數學模型進行綜合評價。每個一級指標進行模糊複合變換，計算每個一級指標的綜合評判結果。

$$S_1 = W_{k2} \times R$$

以理念凝聚力 B_1 為例，則有：

$$S_1 = (0.312,6, \ 0.223,8, \ 0.298,3, \ 0.165,3)$$

$$\times \begin{pmatrix} 0.030 & 0.115 & 0.390 & 0.280 & 0.185 \\ 0.010 & 0.145 & 0.225 & 0.405 & 0.215 \\ 0.000 & 0.075 & 0.520 & 0.205 & 0.200 \\ 0.000 & 0.045 & 0.590 & 0.330 & 0.035 \end{pmatrix}$$

$S_1 = (0.011,6, \ 0.098,2, \ 0.424,9, \ 0.293,9, \ 0.171,4)$

同理，可以計算其他一級指標的模糊評價結果，如表6.6所示。

表6.6　　　　　模糊綜合評價結果

指標	指標模糊評價集				
	低	較低	一般	較高	高
B_1	0.011,6	0.098,2	0.424,9	0.293,9	0.171,4
B_2	0.016,7	0.185,3	0.371,2	0.269,8	0.157,0
B_3	0.009,9	0.122,9	0.307,4	0.379,0	0.180,8
B_4	0.012,7	0.207,3	0.590,3	0.132,8	0.056,5
綜合 S_Z	0.013,0	0.142,6	0.404,5	0.284,0	0.155,8

6.3.2.3　綜合評價

計算該企業軟實力總的評價結果 S_Z，結果如表6.6所示。

$S_Z = (0.387,2, \ 0.318,5, \ 0.183,6, \ 0.110,7)$

$$\times \begin{pmatrix} 0.011,6 & 0.098,2 & 0.424,9 & 0.293,9 & 0.171,4 \\ 0.016,7 & 0.185,3 & 0.371,2 & 0.269,8 & 0.157,0 \\ 0.009,9 & 0.122,9 & 0.307,4 & 0.379,0 & 0.180,8 \\ 0.012,7 & 0.207,3 & 0.590,3 & 0.132,8 & 0.056,5 \end{pmatrix}$$

$S_Z = (0.013,0, \ 0.142,6, \ 0.404,5, \ 0.284,0, \ 0.155,8)$

該結果表明，對於該企業的軟實力評價，15.58%的人認為高，28.40%的人認為較高，40.45%的人認為一般，14.26%的人認為較低，1.30%的人認為低。

最后計算該企業軟實力的最終得分 Q。用中位數（95，85，70，50，20）矩陣 U 表示高、較高、一般、較低、低五個等級的分值，則：

$Q = S_2 \times U$

$Q = (0.013,0, 0.142,6, 0.404,5, 0.284,0, 0.155,8)$

$\times \begin{pmatrix} 20 \\ 50 \\ 70 \\ 85 \\ 95 \end{pmatrix}$

$= 74.65$

6.3.2.4 結果分析

上述結果表明，該企業軟實力的綜合評價總體得分為中等偏上，未達到較高水平，離優秀尚有一定差距。原因主要有以下幾方面：一是要素整合力的權重達 31.85%，但是有 57.33% 的調查者認為該企業此項能力未達到較高的水平。二是理念凝聚力的權重為 38.72%，有 53.47% 的調查者認為該企業此項能力未達到較高的水平。前者在管理制度、學習創新方面存在差距，后者在追求卓越、協作共贏方面有待提高。因此，要提高該企業的軟實力，需要改善現有的管理制度，在制度、規則、流程中體現以服務客戶為中心、與供應商雙贏的供應鏈策略；需要改善組織的學習環境，在服務理念、流程、服務方法方面不斷創新，在服務效率提高、快速回應服務、服務質量水平方面追求卓越。此外，企業需要強化企業責任，加強與社會公眾的溝通，促使公眾理解與接受企業的價值觀，進一步增強企業的社會影響力。

6.4 結論與建議

6.4.1 結論

從上述研究的邏輯與思路以及實證研究的過程來分析，企業軟實力的評價是企業在激烈的市場競爭中，合理分析自身的潛在資源轉化能力，尋找軟資源轉化為軟實力的優勢領域與亟待提高的項目，並通過相關指標的變化來對軟實力進行動態監控，為持續提高企業的市場競爭能力而進行動態戰略規劃、資源合理配置、能力提升計劃提供充分的依據。合理建構企業軟實力評價的指標體系並選用科學、系統、實際可行的方法來進行評價，是客觀評價企業軟實力的關鍵。

第一，企業軟實力是一種戰略資源，是企業對其所擁有的硬資源、軟資源轉化為企業在市場中的現實競爭力的能力。企業軟實力具有吸引、影響、輻射、滲透、傳播的特徵，需要企業的多元利益相關者的認可或認同，這些利益相關者除了股東、員工之外，還包括供應商、消費者、競爭者、市場的其他參與者等。對於企業軟實力的評價，無論是指標建構還是調查分析，都要從企業內部理念認同、外部利益相關者價值認同兩方面來進行。

第二，根據上述兩個方面的認同，遵循要素相斥、系統整分合、簡約明晰的原則，我們構建了企業軟實力評價的指標體系，包括理念凝聚力、要素整合力、決策執行力、社會影響力4個一級指標。理念凝聚力包含價值認同、人本關懷、追求卓越、協作共贏；要素整合力包含戰略目標、資源配置、管理制度、學習創新；決策執行力包含決策有效、行動敏捷、流程規

則、信息暢通；社會影響力包含社會責任、公共關係、員工素質、品牌聲譽16個二級指標。

第三，利用層次分析與模糊綜合評價相結合的方法評價企業軟實力的強弱，可以解決在評價過程中將定性評價定量化的問題，並且有效判斷各級評價指標相對於上層目標的權重與重要程度；可以對較多的考慮因素、較多的評價人員的綜合評價結果進行匯總，得出該企業軟實力的綜合評分；可以用以對同行業多個企業的軟實力進行調查統計排序，為企業的軟實力提高提供決策依據。

6.4.2 建議

本部分從指標建構與評價測量角度對中國企業軟實力進行實證分析，實證結果對企業和相關政府部門具有一定的啟示意義。

第一，企業軟實力理論是傳統競爭理論的昇華，企業可以通過科學評估、戰略規劃來有意識地提高企業軟實力。企業軟實力並不僅僅是一種外在的表現，而是來源於企業對內部和外部硬資源與軟資源的集成整合能力。因此，傳統的觀點認為通過傳播加強價值認同引致價值吸引、影響仍然沒有領悟到企業軟實力理論的真諦，企業軟實力是企業在生產經營實踐過程中通過理念凝聚、要素整合、決策執行方面的能量匯聚，產生的一種社會影響，這種影響有助於企業獲取更多的社會資源，提供更多的價值，從而產生更大的社會影響，形成良性循環。

第二，企業軟實力根植於企業內部，輻射並吸引多元利益相關者，最終產生社會影響力，最核心的環節是價值吸引與認同，這種認同是心理層面和精神層面的。因此，塑造服務社會、創造價值、持續改進與創新、承擔社會責任的企業文化，可以在源頭上進行累積與沉澱，從而產生良好的社會效應與影響，

培育與形成被廣大社會公眾接受的品牌形象與企業形象，在根本上提高企業的競爭力。

第三，政府要鼓勵企業培育軟實力，將企業軟實力的建設當成國家軟實力、經濟軟實力、文化軟實力的重要組成部分。政府應採取以下措施：首先，要創造一個公平競爭的市場環境；其次，要鼓勵創新，包括制度創新、技術創新、管理創新，提升企業價值創造能力；再次，要完善市場信息傳導機制，減少因信息不對稱而導致的逆向選擇，建立市場淘汰機制；最后，要推動企業社會責任發展，推行標杆管理，鼓勵企業為多元利益相關者創造價值。

當然，用模糊層次評價方法構建企業軟實力的評價模型，指標的選取仍需要通過調查驗證與統計分析其科學性和系統性。另外，由於條件限制，本部分沒有同時對若干個企業進行實證比較研究，因此對於不同行業、不同規模、不同生命週期、不同市場競爭強度、不同地區等方面出現的企業軟實力的差異如何進行測量是日后進一步研究的主要課題。

7 企業軟實力的提升策略

通過前面的分析之後，我們發現，企業軟實力是終極形態是一種影響力，企業軟實力來源於企業發展的文化動力，其實質是來自於利益相關者、社會公眾對企業產生的價值認同，表現為各種形式的無形資本。企業軟實力在企業不斷完善經營理念、經營管理體系、持續創造價值的過程中得到實現，因此企業軟實力的提升也主要是從以上方面來構建體系。

提升企業軟實力的策略體系如圖 7.1 所示。

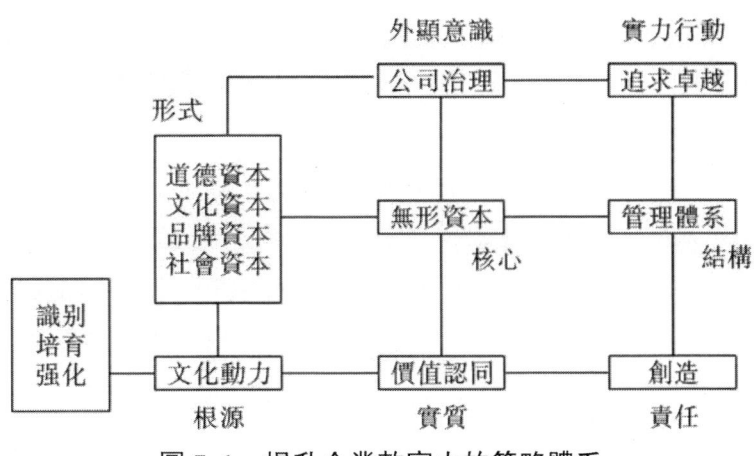

圖 7.1 提升企業軟實力的策略體系

7.1 識別、培育與強化企業發展的文化動力

7.1.1 識別企業發展的文化動力

企業面臨的市場環境千變萬化，企業擁有的資源存在差異，企業的發展歷程也不相同，企業成員的背景各異……複雜的經歷、學識、能力等個性因素與市場競爭、社會責任觀等共性因素的綜合結果，造就了豐富多彩的企業文化。但是萬變不離其宗，企業發展的文化有著相似的動力來源，識別這些文化動力來源，有助於企業培育與強化軟實力。

7.1.1.1 民族傳統文化的精華傳承

中華傳統文化可謂源遠流長、博大精深、百花齊放。儒家文化的核心是「仁政」，即民本思想或人本主義，其主要內容包括和、中庸、仁、富民、德治、教化、正己、禮、正名、義、信、尚賢等。道家的《道德經》蘊含著豐富的管理思想，既有「治國」，又有「用兵」；既有宏觀調控，又有微觀權術。其「無為而治」「道法自然」的管理原則散發著睿智的光芒。老子說：「知人者智。」意思是說認識人才，發現人才，才稱得上有智慧。如何使用人才呢？老子形象地比喻：「江海所以能為百谷王者，以其善下之，故能為百谷王。」這句話的意思是江海之所以能集聚許多河流，是因為它處於低下的好地位。老子把江海比作領導者，把許多河流比作眾多的人才，領導者對待人才應該謙下。法家的以法治國的行政管理思想、富國以農的經濟管理思想、用人唯賢的人事管理思想。

在諸子百家中，以儒家為首要代表。雖有墨、道、佛、法等思想門類，但仍數儒家的勢力最大，儒家思想文化對中國社

會的影響最廣泛、最深遠。儒家文化對於企業管理的影響，主要體現在以下幾個方面：

一是和。孔子認為「君子和而不同，小人同而不和」，主張「禮之用，和為貴」。「和」是孔子管理思想的基石。

二是中庸。孔子說：「中庸之為德也，其至矣乎，民鮮久矣。」中庸思想體現了孔子認識事物的三分法，即「過」「中」與「不及」，他主張要把握住「過」和「不及」兩個極端，用中庸去指導人們的行為。所謂「執其兩端，庸其中於民」，教誨人們在思考和處理矛盾時，不要走極端。

三是德治。孔子與弟子冉有有這樣一段對話：「子適衛，冉有僕。子曰：『庶矣哉！』冉有曰：『既庶矣，又何加焉？』曰：『富之。』曰：『既富矣，又何加焉？』曰：『教之。』」這段對話最能反應孔子德治思想的精髓，德治的內容依次為庶、富、教，而「教之」是德治的最高層次。至於如何教化，孔子認為關鍵在於管理者能否以身作則。「苟正其身矣，於從政乎何有？不能正其身，如正人何？」

四是信。《論語》中的這樣一段：「子貢問政。子曰：『足食，足兵，民信之矣。』子貢曰：『必不得已而去，於斯三者何先？』曰：『去兵。』子貢曰：『必不已而去，於斯二者何先？』曰：『去食。自古皆有死，民無信不立。』」

其後，孟子、荀子又對儒家文化進行了發展。孟子以「仁」為出發點和歸宿認識人的本性，提出了「性善論」觀點。他認為人性的本源是善的，現實中種種不善的行為是后天習得的。因此，他主張人們要「養乎浩然之氣」以達到「仁」。荀子則持有「禮」「法」結合的治理觀。孔孟主張以克己、習禮的方式發展「仁」，實現對人的統治。即使對小人，也應按「仁」的要求實施懷柔，即「恭、寬、信、敏、惠」。荀子則認為「禮不下庶人」，對百姓，他主張以「法數制之」。

中國存在許多應用中國傳統文化來提升企業的軟實力的案例。例如，從2009年起，茅忠群在方太集團開始推行「國學精粹」管理企業。他所指的國學精粹是指儒家思想為主，兼收各家精華。他認為儒家思想是中國數千年來的思想主流，之所以被歷史選擇，也被中國人廣泛接受，並非偶然。茅忠群引用《論語》來舉例：「道之以政，齊之以刑，民免而無恥；道之以德，齊之以禮，有恥且格。」意思是說用政令和刑法來統治老百姓，老百姓行為規規矩矩的，是因為害怕受到處罰；而用道德和禮法來約束和管理老百姓的話，老百姓會從內心建立起羞恥感，自然就規規矩矩的。方太集團為每位員工購置了《三字經》《弟子規》和《千字文》等傳統文化啟蒙讀物。這些讀物看似簡單，却是「仁、義、禮、智、信」的行為指南。方太集團的「孔子堂」裡有一尊2米高的孔子銅像，「不是用來膜拜的，而是讓研習者感受中國文化」。

7.1.1.2 區域文化的共振與滲透

第一，純粹的區域文化影響。純粹的區域文化就是指傳統文化發展在空間上顯示出來的基本特徵。一個地區、一個民族的文化離不開這個地區的生產條件、生活條件的制約，受民族、民情、民俗的影響，是建立在這個地區經濟基礎上的一種上層建築。區域文化具有很強的地域性，離開了這個地域性就往往找不到其文化表現。共同的生產活動、社會活動等使得某一區域的人們在長期的發展中形成了一種獨特的、屬於這個地區所獨有的民族文化現象，包括心理狀態、歷史傳統、民族意識、民族精神。因為有共同的節日、有共同的風俗、有共同的民間傳說，飲食文化、服飾文化、婚姻文化等都體現出這個地區鮮明的特點，以區域文化為特徵的人群凝聚力比較強。中國的「同鄉會」「地區商會」「同學會」等均有典型的區域文化的特徵。

例如，海外華人經濟（學界也稱華人族群經濟）是伴隨著

中國人移居海外從事各種經濟活動形成的。華人族群經濟呈現這樣的特點：帶有明顯的民族文化和歷史傳統印跡，如為謀生而移民，經濟形式由商販而向工商實業過渡，企業內部大都實行家族式管理，傾向通過華人網路開展經濟活動。通過華人圈子開展經濟活動的傾向，在溫州人身上體現得很明顯。從歷史淵源上看，溫州人在信息不暢通、不發達的情況下向外流動和遷移，憑藉的是自身的人際關係鏈，並且不斷地將這一鏈條加以延伸，在國內形成了一個信息傳遞、人員動員和援助的網路。到了海外，民間社會關係依然是他們的立身之本，不管是社會文化設計還是行事方式都建立在對親緣關係（族緣、血緣、地緣）合成的社會關係高度認同的基礎上，經濟活動當然不例外。因為枕山面海，地理位置相對封閉，溫州傳統文化中信奉團結、互助，對政府依賴依附少，自主傾向強烈。於是，溫州商人不斷組建商業聯盟作為商人的聯繫紐帶，在運作過程中，成就了溫州商人的主要優勢。

第二，區域文化之間的相互滲透。從地緣的角度與文化的角度來講，全球各區域文化縱橫交錯，相互影響與融合，尤其是經濟全球化的環境下，區域文化的相互滲透，成為企業軟實力發展的新的動力來源。

以閩臺文化的交流與融合為例，閩臺兩地地緣相近、血緣相親形成了閩臺兩地相通的文化、民俗、宗教、語言等。臺灣島內以閩南話為主要方言，臺灣島內信奉的神靈也主要來自大陸。兩地的民俗風情文化相近。例如，臺灣歌仔戲就起源於漳州錦歌，與漳州薌劇共為「姐妹戲」。兩地傳統民居和廟宇的建築模式、結構、裝飾、風格以及由此體現的風水觀念、年節習俗、飲食習慣等十分相似。閩臺深厚的淵源構成了閩臺文化交流強勁的動力。根據祖群英的研究，福建在對臺灣文化交流中正呈現出領域多元化、往來高端化、活動品牌化、交流學術化、

機制常態化的特點。

一些研究者通過對日本家族企業文化進行研究，希望能夠給中國的家族企業的發展尋找新的動力。研究結果卻發現，日本的部分家族企業正是利用中國的儒家文化作為指導，取得了成功，日本家族企業的文化和倫理道德上都體現了儒家思想。這也說明，區域文化的共振與滲透是企業軟實力的重要來源。

7.1.1.3 企業家精神與個性

企業家是企業的靈魂，是企業的掌舵者。要充分挖掘企業家的思想資源，把其中的優秀思想成果提升為企業的共同財富，實現企業家理念與企業理念的完美結合。要從社會優秀文化中開發創新企業家精神。隨著人們認識的加深，民族傳統文化中的很多優秀的文化因素會被提煉出來並被大家認可和接受。每一個時代都會有反應當前社會主流意識的時代價值觀。企業家精神創新就應該通過對當前優秀民族傳統文化和時代文化的提煉，融入企業精神之中。

例如，在中國，每一個階段的企業家精神都有著不同的時代印記。在20世紀80年代以前，企業家精神的核心是吃苦耐勞，在工作中身先士卒，不追求物質回報與生活享受，成為某一專業、行業的「工匠」，以增加產出、擴大規模為企業的主要經營任務。這是一種勞模精神。20世紀80年代到20世紀末，企業家精神的核心是挖潛創新與激勵人員發揮領導效能，通過節約成本、提高產品質量、增加產品功能、改善產品形象等來擴大市場、增加企業效益，鼓勵員工打破原有的傳統思想觀念，樹立市場競爭意識。這是一種開拓精神。到了21世紀，隨著全員素質的提高、市場競爭的空前白熱化、新的消費需求不但湧現，企業家精神的核心是構建團隊、提高組織學習能力、成為各種資源的整合者，回應社會公眾對企業的期望，並超出期望，體現企業的社會責任與公共意識。隨著媒體技術的日新月異，

企業家已經成為「明星」式的公共人物，其一舉一動、一言一行均暴露在媒體的聚光燈下，企業家的文化、創新、責任意識成為公眾評價企業的尺度，企業家精神是一種「明星」典範精神。

企業家如何將自己的個性融入當前的社會主流價值觀，就是企業前進的文化動力之一。例如，在中國當前的資本市場上，追求公司上市為多數企業家的目標，上市公司的規範性成為企業精神的文化動力。然而，也存在另一類不願上市的優秀公司，成為非上市公司的標杆，同樣成為行業典範，如華為、老干媽、娃哈哈、方太等企業。因此，在追求社會主流價值觀的同時，保持企業家精神的個性，是企業家精神不絕的動力來源。

7.1.1.4 員工學識、才能、品德的融合

在企業精神中，企業家精神無疑是核心，但是企業是由無數個具有不同靈魂、不同思想的個體所組成的，企業成為不同思想、觀念、行為等的熔爐，最后成為思想共同體、利益共同體。這是企業文化的功能，來源於員工學識、才能、品德的融合。知識經濟的興起使企業向高技術集成和信息化、網路化發展，知識、信息、時間、技術是企業永遠稀缺的資源，爭奪市場是永恆的主題。企業所擁有的知識主體是員工，因此員工是企業最稀缺的資源，也是企業精神中最需要開發的資源。

企業家應將企業文化創新融入企業經營管理活動中，積極開展安全文化、質量文化、品牌文化、營銷文化、服務文化等各項管理文化創新，促進文化理念與經營管理活動的深度結合。企業家應積極把握企業員工的思想動態，把其中適合企業發展的觀念意識制度化，引導員工按照企業價值理念的要求行動。這種內生於員工的企業文化，更容易被員工認同和接受。員工的學識、才能、品德等已經融入企業日常的生產經營過程、環節之中，是企業精神、企業文化的重要源泉。

7.1.1.5　市場競爭文化的影響

企業生存與發展於市場競爭環境之中，企業發展的文化動力也來源於市場環境的影響。企業文化是一個動態的開放系統，具體體現於現實構面與社會構面的互動過程中。一方面，社會構面中的利益相關者通過產品、服務、行為等表現來瞭解和認識企業，並進一步感知企業的核心理念；另一方面，員工在實踐過程中，在與客戶以及其他利益相關者的交流互動過程中，通過獲得來自社會構面的反饋信息，不斷強化、完善或修正著自身的理念文化，即現實構面。進一步地，現實構面也同時在利用產品、服務的影響力，潛移默化地影響或改變利益相關者的物質、行為體系，進而影響其理念標準，即企業不僅受到利益相關者的影響，企業反過來也可以影響利益相關者的行為方式以及核心理念。

市場競爭方面的影響主要來自於以下幾個方面：一是價值觀的統一。例如，在一個人人追求產品質量精良的市場中，不合格產品、假冒偽劣產品的生產者將無法在市場中立足，這種觀念將成為人們的共識，成為每一家企業的文化要素。二是優勝劣汰的原則在價值觀中的修正過程，對競爭對手、合作夥伴都是一種考驗。例如，勇於承擔社會責任的企業，一般不會選擇存在或者經常出現社會責任污點的企業作為合作夥伴，在優勝劣汰的競爭秩序下，優良的企業文化是吸引合作夥伴的重要砝碼之一。

7.1.2　培育與強化企業發展的文化動力

7.1.2.1　塑造與提煉企業核心價值觀

核心價值觀具有導向規範作用，思想指導行動、規範行為，人有什麼樣的價值觀就有什麼樣的行為方式和習慣。那麼塑造核心價值觀應該考慮哪些基本原則呢？

第一，理解商業的真諦。商業是為人類服務的，市場競爭是其附加產物。為人類服務的商業行為，必須考慮人的問題。毛澤東同志有句名言：「武器是戰爭的重要的因素，但不是決定的因素，決定的因素是人不是物。力量的對比不但是軍力和經濟力的對比，而且是人力和人心的對比。軍力和經濟力是要人去掌握的。」一家商業公司的目的，不僅僅是要賺取利潤，而是要讓人看到，它是一個由人組成的團體，其存在的根本目的是要以各種各樣的方式來滿足其最基本的需求。利潤是商業的生命調節器，對於人的心理與社會需求等別的原因也必須要考慮在內。這在長期看來，至少與商業的生命是同等重要的。

第二，理解信仰的力量。人類社會進化發展的歷史表明，人需要信仰，信仰更可以給人帶來巨大的幸福和滿足，帶來無窮無盡的勇氣和力量。所謂的信仰，就是將個體生命與某種具有絕對價值的、超越性的東西聯繫在一起，並願意為之奮鬥、奉獻甚至是犧牲一切的那個東西。人需要信仰就像航船需要燈塔一樣，航船也許永遠也無法抵達遠處的燈塔，但是對於茫茫大海上的一葉孤舟來說，有沒有前進的目標帶來的是結果的迥然不同的。如果一個組織能夠形成牢不可破的核心價值觀，那就為組織中的每一位成員實現生命意義和生活價值找到了路徑，就會讓組織成員充滿了希望。

第三，理解人性的追求。首先，企業是為顧客服務的，顧客是企業的基礎，並維繫著企業的存亡。正是因為企業能夠滿足顧客的需求，社會才能將創造財富的資源交付給企業。企業的根本要務就是在市場上創造客戶、服務客戶，提升客戶的滿意度和忠誠度，實現客戶價值的最大化和安全化。其次，員工同樣是企業的基礎，維繫著企業的存亡。因為只有員工價值實現了最大化，創造客戶才能變為現實。企業存在和發展的一個重要宗旨，就是實現企業員工的全面發展。員工的全面發展就

是喚醒沉睡在人內心的各種潛在的本質力量，包括屬於智力範疇的各種能力、腦力和創造力以及非智力範疇的毅力、魄力、體力等，讓每一位員工獲得成就人生的本領，幫助每一位員工不斷成長、不斷成功，實現個人與組織的信仰。

在理解上述三條原則的基礎上，結合企業的使命、歷史與傳統、榮譽與貢獻，將傳統文化與區域文化的精華進行提煉與融合，與員工共同塑造核心價值，從而形成企業精神的內核。

7.1.2.2 建設學習型組織

彼得‧聖吉是學習型組織理論的奠基人，他指出現代企業所欠缺的就是系統思考的能力。這種能力是一種整體動態的搭配能力，缺乏這種能力而使得許多組織無法有效學習。學習分為三個基本層次，依次是個體學習、組織學習、學習型組織。對個體學習而言，個體學習目標可以說是生存—持續發展—自我實現；對組織學習而言，組織學習一般來說是為了組織生存—組織持續發展—提高組織績效，在這個學習過程中，最終達到個體自我實現和提高組織績效相結合，實現真正意義上的學習型組織理念。

創建學習型組織，需要創建以下學習的機制與理念：

一是強調終身學習，即組織中的成員均應養成終身學習的習慣，這樣才能形成組織良好的學習氣氛，促使企業成員在工作中不斷學習。

二是強調全員學習，即企業組織的決策層、管理層、操作層都要全心投入學習，尤其是經營管理決策層，他們是決定企業發展方向和命運的重要階層，因而更需要學習。

三是強調全過程學習，即學習必須貫徹於組織系統運行的整個過程之中。約翰‧瑞定提出了一種被稱為「第四種模型」的學習型組織理論。他認為任何企業的運行都包括準備、計劃、推行三個階段，而學習型企業應該是先學習，然后進行準備、

計劃、推行，不要把學習和工作分割開，應強調邊學習邊準備、邊學習邊計劃、邊學習邊推行。

四是強調團隊學習，即不但重視個人學習和個人智力的開發，更強調組織成員的合作學習和群體智力（組織智力）的開發。在學習型組織中，團隊是最基本的學習單位，團隊本身應理解為彼此需要他人配合的一群人。組織的所有目標都是直接或間接地通過團隊的努力來達到的。

五是創造危機感，提升學習的動力。海爾集團的張瑞敏曾經強調，企業所處的競爭環境在變化，最早是大魚吃小魚，現在是快魚吃慢魚的時代。因此在海爾，人人都有危機感，可謂是戰戰兢兢、如履薄冰。小天鵝集團推行的「末日管理」模式，其實質就是危機管理模式。華為集團廣為流程《華為的冬天》一文，強烈地訴說著企業分分秒秒的危機。危機是客觀存在的，對於管理者來說，危機感是一種管理動力，這是一種由壓力轉化而成的管理動力。危機可以創造一種學習的張力，驅動著組織的每一位員工不懈的努力。因為員工深知，只要自己稍一打盹，對手就會超過自己。企業中的減員、淘汰、考試、競爭上崗等做法都是危機動力的具體使用形式。

7.1.2.3 在生產經營中踐行企業精神

塑造了企業核心價值觀，並且加強了組織學習，是否就獲得了組織文化的動力了呢？答案顯然是否定的。因為知識來源於實踐、服務於實踐，文化來源於生活，也來源與生產，道德原則與價值觀念只有在生產、生活中得以實踐，才會成為真正的價值指引。

首先，在生產實踐中貫徹傳統與現代相結合的道德原則與商業倫理。例如，將義利並舉用於指導生產、競爭、服務的實踐。義利並舉是儒家早期的一種基本精神。義利並舉強調既要為市場建功，又要為社會立德。建功，就要以技藝來豐富市場，

發展經濟；立德，就要以道德來規範市場，健全社會。

其次，以融匯企業精神的文化創新為主導，促進管理的變革性。這要求深化規律性認識，確立符合科學發展觀要求的價值觀、管理理念及行為準則，用創新進取的文化精神主導組織和員工的價值取向，以健康、和諧、持續發展為共同目標，推動制度機制、戰略策略、結構流程等重建，著眼服務最優化和效率最大化，調理順暢有序的管理關係與秩序。

再次，以提升核心能力為關鍵，強化管理的「調質」性。在市場競爭條件下，企業管理的根本使命就是要不斷提升競爭核心能力。企業核心能力以用戶需要和忠誠度為基礎，最終由全員的素養、態度、技術等品質凝結而成，通過服務效率、服務質量等方面充分展現。文化管理遵從現代生產方式的使命和規律，促使企業由一般產品生產進步至人性化生產，並據此將管理重心從調配資源、維護秩序的表層深入到發掘和培育員工忠誠負責、勤奮創造等根本性素質能力上，依託全員品、智、能力突出優勢贏得持續發展的更大空間。

最后，企業的管理者特別是高層管理者要以身作則，帶頭示範。企業管理者特別是高層管理者對企業核心價值觀的倡導和示範，將直接決定企業核心價值觀能否得到順利落實。所謂「己所不欲、勿施於人」「上梁不正下梁歪」，說的就是這個道理。試想，如果企業管理者都不能帶頭遵守與履行企業的文化和制度，企業核心價值觀又如何能貫徹落實呢？

7.2　創造價值認同提升企業影響力

企業通過不斷對自身進行企業理念的定位和定向，同時引導利益相關者的自我認同，最終獲得利益相關者對企業的價值

認同。企業的價值認同分為組織內部認同與組織認同。

7.2.1　創造組織內部認同

組織成員只有具有強烈的希望自己成為組織成員的心理和具有強烈工作責任感，才會有為組織盡心盡力的工作態度，才會有盡心盡力的行為表現。大量研究表明，組織認同與工作滿意度、動機、績效、組織忠誠、合作行為和組織公民行為顯著相關。其中，與組織認同概念緊密相關的兩個概念是組織承諾或組織歸屬感、組織公民行為。組織承諾是員工對組織的一種態度，可以解釋員工為什麼要留在某企業，因而也是檢驗職工對企業忠誠程度的一種指標。組織承諾除了受契約法規的制約和工資福利等經濟因素的影響外，還受到價值觀念、道德規範、理想追求、感情因素及個人能力、興趣和人格特點的影響。

7.2.1.1　強化組織與員工的心理契約

心理契約是指員工與雇主在相互影響和接受的基礎上形成彼此之間的責任、承諾的主觀約定。心理契約被認為是員工與雇主關係重要的調節器，即在不同的心理契約下，員工會表現出不同的行為或動機。心理契約可以分為四種類型：一是關係契約，即長期導向的，績效與獎金沒有明確規定的雇傭關係，本質上是通過開放方式達成令彼此雙方滿意的雇傭關係；二是平衡契約，即長期導向的，是明確規定績效與獎金高度一致性的雇傭關係；三是交易契約，即以短期經濟利益進行交換的雇傭關係；四是轉換契約，即反應了雇傭雙方安排存在缺失或者破裂，只會在極端不穩定的環境下（如公司衰退）存在。

心理契約可以促進員工與員工之間、員工與組織之間的知識共享。知識共享是指員工與其他團隊成員分享工作方面的想法、信息與建議的行為。如果強有力的雇主給予的承諾超過了員工的期望，員工會通過額外行為來報答雇主的厚愛，即雙方

責任與義務超額履行。資源交換依賴於雇傭關係在社會情感或者經濟方面的內在本質。社會情感交換涉及更廣的資源交換，包括關愛、愛護、支持、地位。關係契約和平衡契約都涉及情感交換，在這兩種契約中員工願意通過做對雇主有利的事來報答雇主的情感支持或者尊重。在強調和諧關係的中國社會中，員工給予關係契約和平衡契約高度評價。

管理者應該意識到知識共享對於員工而言要付出代價，即使知識共享對組織整體利益有幫助。在動態多變的經濟環境下，知識已被視為企業最重要的資源。管理者應該減少員工知識共享的成本，並且獎勵員工知識共享行為。為了提高員工的組織認同感，企業不僅要與員工建立長期的雇傭關係，還要與員工建立經濟利益共享的關係。如果組織在與員工建立雇傭關係時，單純偏向長期雇傭關係或者績效獎勵制度，都不利於塑造員工對組織的認同感。在實踐過程中，組織應當兼顧長期雇傭關係與績效獎勵制度。

7.2.1.2 提高員工滿意度

提高員工滿意度的途徑有許多，總體來說，主要集中在以下幾個方面：

第一，創造公平對待每位員工的環境。員工渴望得到組織公平對待，只有在公平的環境中，員工才會對組織價值、企業精神產生信任感。公平主要包括以下內容：一是報酬系統的政策與執行公平。按勞分配、效率優先、兼顧公平的分配原則，是一種有效的激勵手段。二是績效考核的公平。績效考核的目標制定要公平，評價過程、評價結果要公平，能客觀地反應員工的貢獻。三是選拔機會的公平。既要看員工的歷史貢獻，又要看員工的發展潛力；既要看員工的理論水平，又要看員工的實際管理能力的發揮；既要看員工的才能，又要看員工的品德。

第二，創造團結和諧的民主氛圍。溝通可以達到領導和員

工的相互瞭解，使正確的決策和領導很快被員工理解和接受，變成執行決策和服從領導的實際行動。沒有溝通就沒有統一的意志、觀念和行動。對企業而言，應當擁有一個開放的溝通系統，以增強員工的參與意識，促進上下級之間的意見交流，促進工作任務的有效傳達。溝通的內容很多，包括工作溝通、思想溝通、學習溝通、生活溝通等。這就需要各級管理者注意從日常工作和生活中加強瞭解、掌握情況、開展溝通。

第三，構築目標一致的利益共享機制。能夠使員工產生積極性的重要因素是他們的個人目標與企業目標的一致性。而這種一致性來自對共同目標和共同利益的認同感、構成共享的價值觀念、形成目標一致的利益共同體。企業追求效益的目標是其存在的前提，員工獲得經濟利益是其最終的目的，企業實現最大的經濟效益與員工獲取最大的滿意度是相輔相成的。

第四，以人為本，關愛與尊重員工。員工是企業最重要的資源，企業要以尊重的態度對待員工。企業應從經營理念到管理機制都體現組織對員工的尊重和關懷，使員工能在企業中找到自己的心理支撐。

第五，建立「內部服務」的員工滿意理念。員工滿意是企業達成顧客滿意的保障，要使企業內部員工滿意，則需要建立一種顧客導向的企業文化，創造一種「內部服務」的營銷理念。「如果你不直接服務顧客，那麼你的工作應當是為服務顧客的人服務。」在企業內部，要導入「下一道工序是上一道工序的客戶」的顧客滿意理念，即在整個運作環節中，上個環節的部門把下個環節的部門當成客戶，對其進行服務，一個環節服務一個環節，最終為客戶提供最佳服務。

此外，組織要加強組織歷史、組織文化、價值觀方面的培訓與教育。在此過程中，員工個人能夠認知和瞭解組織身分特徵，個人會在自我概念與組織身分的比對中整合兩者而實現組

織認同。

7.2.2　創造組織外部認同

組織外部的認同主要通過以下幾個方面來創造：一是通過社會信仰創造社會網路，從而獲得利益相關者的社會資本；二是通過知識資本、社會網路、創新能力來影響利益相關者的學習過程；三是通過企業家精神的傳播與滲透，來影響利益相關者的決策行為；四是通過學習型組織的構建與無形資本的管理，形成組織外部認同的社會網路。其中，后三個方面在其他部分中已經述及，這裡重點討論第一點。

組織以利益相關者所普遍認可的、追求社會責任的商業服務模式與理念能夠取得廣泛的社會信仰，從而獲得外部社會資本。由於認同的互利性特徵和利益相關者本身作為經濟人這一前提，企業利益相關者對於企業價值的認同程度，可以根據這些不同層次利益相關者從企業獲得的既得效益指標來衡量，因為越能從企業這裡獲得一定的效益（包括經濟效益和社會效益），表示企業給這些利益相關者提供了越高的滿足程度，利益相關者也就越能形成對企業各種理念和行為的認同，價值認同度就會越高。企業在價值認同的過程中，逐漸改變自身的理念，調整自身的行動，努力使自己獲取效益的同時滿足利益相關者的效益，最終達到一種最佳的效益狀態，進而形成暫時的動態平衡。

信仰是一種既形成於人類交往活動，又服務於人類交往活動的精神家園。社會交往、人際信任、規範機制、精神領域無不存在社會信仰的痕跡。信仰通過一定儀式反應社會成員間的交互關係以及對未來的預期，是對社會交往中合理性關係的認同和確信。一方面，信仰是一種精神活動，是一種以確信為基本特徵的認知、情感、意志相統一的精神狀態，是一種主觀的

信以為真，能夠為主體建構一種主觀的權威合理性價值認同，是主觀的信以為真的行為價值判斷標準。另一方面，信仰不局限於單純的精神活動，總是通過主體行為去實踐，信仰具有強烈的實踐性，信仰產生並作用於社會主體的活動中，存在於主體的精神世界之中，體現在主體的行為之中。信仰的力量就在於它總是能夠指導人們去思考問題和努力踐行。信仰構成人們行為的深度動機，傳統的經濟學家假定人是理性的，他們總是在做理性的抉擇。

社會信仰在交往中的作用主要表現在兩個方面：一是維繫情感，構成人們精神聚合的超驗紐帶；二是使社會成員對社會共同體產生安全歸屬感。社會信仰通過倡導一種思維模式、價值理念和生命體驗，影響、規範並指導著人們的精神世界、行為方式和人生追求，並據此通過與現實社會條件及生存境況的磨合，有助於整合人們的認知、情感、意志和行為，有助於達成共識、減少紛爭、擴大交流、增進互信，形成合理融洽的社會資本結構體系和良性互動的社會運行機制。

企業要經常與外部環境進行互動，從外界獲取企業所需要的資源和信息，然后再將企業所希望讓外界瞭解的信息通過各種途徑表達出來。企業要在這種廣泛的外部互動中傳播社會信仰、社會責任，這樣就能擁有較多外部社會資本，更易於從其所處的外部網路中獲取急需的關鍵知識和信息，從而提高其核心能力。同樣，與外部關係網路保持良好合作、信任關係的企業，更能夠減少彼此之間合作的機會主義行為，增強組織間的凝聚力，減少合作的交易成敗。企業和外部實體之間也可以通過共享的願景、共享的文化以及共同的語言進行溝通。社會化能力為適當的行為建立了寬泛、緘默的為人理解的規則，這些規則有助於形成溝通的共同編碼和主導的價值觀，增進社會信仰，提高企業獲取關鍵資源的效率和能力，有助於軟實力的

提高。

7.3 建立無形資本管理體系

隨著市場化程度的日益提升,企業強化資本經營的能力是壯大自身實力、提高企業競爭力的必然選擇。企業的資本營運分為有形資本的營運與無形資本的營運。企業尤其應該充分重視無形資本的經營,知識經濟的出現與發展,使得知識、管理、品牌、商譽、專利、專有技術、營銷渠道等無形資產的價值日益上升,企業未來的競爭力在很大程度上要取決於其無形資本的價值。某些知名企業的無形資本價值已經大於其有形資本的價值。無形資本在形式上包括品牌資本、道德資本、文化資本、社會資本等。

7.3.1 識別無形資本的累積過程

7.3.1.1 智力勞動是無形資本形成的確定性與唯一性來源

一個品牌的樹立、一項技術的形成是不斷地創新、試驗、驗證、改進的結果,是不斷地認識需求和優化用戶反饋的結果,也是人的腦力勞動的產物。企業價值觀形成的道德原則、企業精神等意識形態的觀念,也是人類智力勞動的結晶。企業擁有的社會資本是在生產力發展過程中調整生產關係的產物,同樣來源於智力勞動。因此,識別風險、應對風險、分析各種不確定性,成功和失敗的經驗與教訓都是人的智力勞動。只有人的智力勞動才能應對風險與不確定性,才能對原有的無形資本進行改進與創新,智力勞動是無形資本形成的確定性與唯一性來源。但是只有物化的智力勞動才是無形資本,只有反應了當時情況和智力勞動的一項設計、一項技術、一項制度改進被記錄、

申請成為專利才能是無形資本，才具有了對以後的智力勞動進行支持的基礎。

7.3.1.2　企業經營實踐是無形資本形成的必要條件

無形資本不能脫離有形資本而單獨存在，圍繞產品生產經營過程開展的智力勞動才會產生與形成無形資本的累積。例如，技術、設計、制度、品牌等均具有物質性，與有形資本結合才會發揮無形資本的威力。

例如，管理制度是從生產實踐的成功和失敗的經驗與教訓中總結而來的，是為了降低監督成本、交易成本，是從長久的生產實踐中形成的，也是在巨大的損失中形成的。一條條看似簡單的條文背後都是生產實踐的經驗，甚至是血淋淋的教訓。因此制度的本質是物質的。品牌是通過已經生產的產品樹立的，完全是靠事實說話。廣告宣傳也許能擴大品牌的影響力，但是不能持久，品牌的樹立最終還是要靠以前產品的影響，行動才是最好的宣傳。因此，品牌的本質也是實踐的、物質的。

7.3.1.3　傳承與創新是無形資本形成的基本方式

傳承與創新是智力勞動成果累積的基本方式。傳承是降低創新成本的重要辦法，傳承就是利用已有的技術、設計等，充分挖掘內含的思路與方法，並能夠利用已有的試驗、驗證數據節約大量的試驗成本和時間，減少盲目性，瞭解走過的彎路和經歷過的失敗，減少不必要的重複，大量降低創新成本。實際上，各種產品的更新換代型號具有明顯的傳承色彩，也充分證明了傳承在創新領域裡降低成本的作用。傳承是通過各種文檔、資料、口授實現的，人也是重要媒介。因此，實際上團隊是無形資本形成的一個重要形式，原因就在於團隊突出了人在傳承中的作用。

創新也是有成本的活動，絕大多數創新都是團隊行為，是有目的的智力活動。即便是靈機一動的創新也需要大量的實踐

支持。大部分的創新是在前人的智力勞動的基礎上進行的改進，但是有些重大創新是原始的創新，這些創新屬於無形資本的原始累積，以后其他的改進都是在其基礎上發展起來的。

7.3.2 明確影響無形資本價值的因素

在以知識要素為基礎的生產和競爭環境中，企業價值創造所需要的關鍵資源已經從硬性的物質資本和金融資本轉變為無形資本。企業的競爭優勢從成本控制轉向多種資源優化配置的戰略競爭，競爭已經從傳統的金融資本累積、物質資本投資和規模擴張轉向通過渠道投資、人力資本、客戶關係、供應商關係等無形資本獲得，即無形資本成為公司的主要價值驅動因素。那麼，無形資本的價值又受到哪些因素的影響呢？

7.3.2.1 產品因素

企業最基本的經營活動是產品的經營，顧客也是通過產品、服務等有形要素認識和瞭解企業的，優質的產品和良好的服務是企業品牌價值和美譽度提升的物質基礎。

7.3.2.2 經驗和知識因素

許多傳統產業產品的製作及品質的保證主要依賴傳統的製作工藝和生產經驗，靠師徒的傳承來繼承和發揚光大。一般企業中的產品設計、生產技術、技術訣竅等也都是重要的無形資產。

7.3.2.3 歷史因素

一些字號、品牌等是企業承繼下來的，其本身已有一定的歷史和較高的知名度及聲譽。

7.3.2.4 產品創新能力

隨著科技、經濟、社會的發展，產品的生命週期日益縮短。只有疲軟的產品，沒有疲軟的市場，不創新則死亡。企業如果擁有較強的技術開發和應用能力，擁有自己的知識產權，就能

占領所在領域的技術制高點,從而獲得超額利潤,贏得競爭優勢。

7.3.2.5 企業管理水平

管理也是生產力,不同企業由於管理的水平不同,相同的生產要素形成的生產力也就不同。企業的管理模式主要通過企業的基本管理制度與企業文化的結合體現出來。

7.3.2.6 企業家才能

企業家才能主要指企業家的決策能力及對生產的組織協調能力,這是企業資本增值不可或缺的無形要素,所有形態的資本實際上都要受其指揮和調動。

7.3.2.7 人力資源狀況

由於無形資本在其創造、儲存、發展和運用的過程中,每一個環節都離不開人的作用,一個企業無形資本數量的多少和質量的高低是由其人力資源的水平和素質決定的。跨國公司近年來實施的本土化戰略,就是看中了中國大量的、廉價的、相對高素質的人力資源。因此,人力資源是無形資本的源泉,企業家才能也屬於人力資源的一種。

7.3.3 建立培育無形資本的累積體系

7.3.3.1 加強內部控制中的無形資本的戰略控制

內部控制的目標可以看出內部控制的內容不僅包括法律控制、會計控制、經營控制還應包括戰略控制。雖然實現企業戰略目標是內部控制的總目標,但實現有效的戰略控制必須有其他三個基本層控制的有效支撐。戰略控制本身應有其控制重點,為確保企業戰略目標的實現,應重點服務於企業戰略管理,控制的重點也應著重於企業的戰略資源的獲取和有效配置,如對企業價值創造有越來越大影響的企業人力資本、組織資本和關係資本等的企業無形資本的控制。

無形資本的戰略控制是指無形資本作為企業的戰略資源，由於其內在的高不確定性和價值增值性，為了防範其價值損傷風險，有效實現其價值增值，應由以企業董事會主導的、其他管理層參加的控制主體，對無形資本的價值投資、價值評估、價值實現等的全過程進行全面控制。無形資本戰略控制方式包括無形資本的價值評估、計量與報告、投資控制等方面。

7.3.3.2 形成良好的創新機制，堅持自主研發為主、學習借鑑為輔

企業應該創造一個良好的科研氛圍，形成一個能上能下、獎罰分明、競爭有序的科研激勵機制，鼓勵科研人員創造出更多、更好的無形資本。對於其成果創造出巨大社會效益和經濟效益的科研人員，企業應該予以重獎。企業參與創新，可以直接面對市場需求從事科研工作，做到有的放矢，有利於使科研成果迅速轉化為生產力。良好的創新機制既有利於無形資本總量的增加，也有利於無形資本質量的提高。

堅持自主研發，並不是要閉門造車，而是以此為立足點，緊跟世界無形資本發展的前沿，結合本國實際，充分發揮企業科研隊伍的主動性和創造性，爭取創造出世界一流的無形資本。這是符合無形資本的獨占性原則的，因為無形資本研發的最終結果是世界上只有獨此一家企業擁有無形資本的所有權，如果僅僅是引進，那麼始終還是受制於人，因此努力進行自主研發是無形資本獨占性的內在要求。同時，無形資本擴張的逆向選擇性決定了最為先進的無形資本不會輕易地被發展中國家引進，因此真正高質量的無形資本必須依靠自主研發。在自主研發的基礎上，企業應努力學習和借鑑國外同行的經驗和教訓，為我所用，形成具有自主知識產權的無形資本。

7.3.3.3 利用無形資本，適時進行資本擴張

企業利用名牌效應、技術優勢、管理優勢、銷售網路等無

形資產可以盤活有形資產，通過聯合、參股、控股、兼併等形式實現資產擴張。利用無形資產進行資本擴張最大的優勢在於成本低、投資省。目前，企業兼併、收購處於買方市場，優勢企業處於有利地位。

無形資本的價值是通過市場經營創造出來的，特別是企業成功的兼併、收購是最快捷、最富有經濟效益和社會轟動效應的市場交易，將大大提高企業的無形資產價值。中國一些企業在無形資本擴張方面已經取得成功的先例，如海爾集團、恒大集團等，在成為行業領袖的過程中，都很好地利用了無形資本的擴張性。

處於正常運動中的企業存量資本是一種有序的組織化資本，具有自身特定的組織結構和功能。資本總是以組裝形式進入資本運動，即無形資本和有形資本的「軟」與「硬」結合，合理配置，形成一定的組織結構才能正常運轉。資本的有序化及組織化程度取決於資本組裝結構的優化程度。如果在資本組裝過程中，無形資本過剩或閒置，就會造成浪費，不能實現無形資本的擴張效應。如果缺乏無形資本，有形資本就失去黏合力，資本運動就會出現障礙。因此，在企業的資本運作中，重視無形資本的價值、黏性，將有利於企業進行資本擴張，實現資本的累積，包含無形資本的擴張與累積。

7.4　追求卓越的公司治理

7.4.1　公司治理機制是企業軟實力的重要保證

公司治理模式是一種受到外部環境影響的內生性行為，是企業核心競爭力的重要來源，而核心競爭力又是企業軟實力的

實力外顯形態。因此，厘清核心競爭力機制與公司治理之間的關係，對於培育和提升企業軟實力、完善公司治理以及提高公司效率和價值具有重要作用。

公司治理是不同利益群體之間的利益協調及其制度設計上的利益保護。這種協調關係從內在看，現代公司治理結構是一種基於效率原則的關於企業組織內部各要素貢獻者之間的責任、權力、利益相互匹配的制度安排。股份的高度社會化和股票的流通性，已使股東們幾乎成了無形的時時變化的投機團體，其統一運用資本已經不可能。股東大會雖然為股東集體行使公益權的機關，但這種機關的非常設性使全面討論經營管理上的各種問題是不可能的。專業化經營管理是現代公司獨立營運的需要，這些已使董事會作為公司的代表機關，實質上完全掌握著公司的控制權。公司內部權力機關從以股東大會為中心到以董事會為中心的發展，這恰恰說明了內部機關構造的價值取向已由公司權力的均等分配向公司權力的重點分配轉移，這是公司追求利潤最大化和效率的必然結果。然而董事會權力的過分集中容易產生內部人控制問題，易產生董事利用權力進行有損公司利益的行為，故強調公司內部權力的制衡是公平、正義的體現。

核心競爭力機制和公司治理機制是一個企業組織內兩個不同的運行機制，它們都面臨著相同的且不斷變化的產品市場、資本市場、人力資源市場等市場競爭環境，都以提高企業運行效率和價值為目標，它們本身都不是外生的，是由多種因素影響決定的。從收益創造的角度來看，核心競爭力機制主要解決的是怎樣創造企業的收益和創造多少收益的問題，而公司治理機制解決的是誰應該是企業的受益者的問題，即收益的分配問題。收益的創造過程會影響收益的分配；反之，收益的分配也會影響收益的創造過程。因此，核心競爭力機制與公司治理機制都

是企業內部機制與外部環境參數的耦合，它們之間是相互聯繫、相互影響的。

一個企業不論擁有多少核心資源，如果不能運用管理能力將其有效地整合成持續競爭優勢的核心競爭力，必將導致資源浪費。核心競爭力是企業特有的經營化知識體系，包括企業的核心理念、觀念、道德、團隊精神和員工的默契度等。其中，經營理念及由此形成的企業文化是最具生命力、最為持久，也是競爭對手最難以模仿和複製的要素。核心競爭力的各個因素既可以單獨為企業的價值創造做出貢獻，又可以通過整合形成合力對企業的價值做出貢獻。企業實質上是一個資源和能力的組織體系，在這個體系中，企業擁有的任何一種資源或能力都可以被利用來實現一定的目的或功能。因此，企業所擁有的每一種資源都能夠形成一種或幾種企業能力，從而為企業進入某種現實或潛在市場提供某種機會，被企業用於參與市場的競爭，成為企業的競爭能力，形成持續競爭優勢，為企業的價值創造持續發揮作用。也就是說，企業擁有核心競爭力就會使其擁有在所從事的行業中占優勢地位的資源，獲得長期穩定利潤來源，是實現公司治理目標的重要保證。

7.4.2 公司治理機制的趨同化與獨特性的統一

公司治理的基本模式很容易被其他企業效仿，具有趨同化的特徵。同時，每一家公司形成與成長的環境的差異性，導致各家公司的治理機制具有個性的特徵。公司治理機制是共性與個性的有效結合，具有不可完全複製性。因此，公司治理機制是企業軟實力的重要來源與保證。

7.4.2.1 公司治理機制的趨同化

公司治理機制的趨同化體現在以下基本模式方面：

第一，外部人治理模式。外部人治理模式也稱為市場主導

型治理結構模式，是以英美等國為代表的公司治理結構模式。在這種模式下，證券市場在資源配置上起著極為重要的作用，認為公司為股東所有，要求管理層按照股東利益來經營管理。股權分散在小股東和機構投資者手中。經理們清楚，市場是「對公司控制的市場」，如果經理們不能成功地進行投資或採取經營決策最大化公司股票價值，就會為更有能力的經理集團來接管公司的控制創造機會。企業應通過建立獨立董事制度，在客觀公正的立場上評價和考核經理人員的經營績效，維護小股東和公司利益相關者的利益。

第二，內部人治理模式。內部人治理結構中，公司股權高度集中在內部人集團手中，內部人集團由公司的主要投資人組成，包括銀行、公司聯盟、家族和控股公司，內部人集團比較小，投資人彼此熟悉。在這種模式下，股權大部分集中在永久性投資者手中，投資者追求的是長期投資的需求，他們對在投資期同公司形成利益關係比對單個投資交易更感興趣。但是，這種公司治理模式存在市場治理機制薄弱的缺陷。

第三，家族化治理模式。以中國民營企業與東南亞國家和地區的企業為代表，家族化治理模式建立在以家族為主要控股股東的基礎上，以血緣為紐帶的家族成員內的權力分配和制衡。一方面，董事會成員、經理人員具有一定的排外性；另一方面，企業決策方式表現出「家長化」。其突出特點是家族（或個人）控股，股權集中度非常高。與其他公司治理模式比較，採取家族化治理模式的公司要穩定得多，家族控制董事會，董事會聘任經理層，家族及其控制的高管人員全面主導公司的經營決策與發展方向，公司經營穩定，較少受到證券市場的影響。但是家族化治理模式的公司制度性不強，信息披露不及時、不完整，真實性得不到保證，監事會或者獨立董事的作用形同虛設，無法發揮應有的作用。

7.4.2.2 公司治理機制的獨特性

公司治理機制的形成受到許多因素的影響，因而在形成過程中又匯聚了一定的個性。影響公司治理機制形成的因素主要如下：

第一，市場體制方面的原因。在市場體制方面，美國是現代化自由市場的典範。各種生產要素市場，如產品市場、董事經理市場、勞動力市場等充分流動且市場體系也十分完備。德國和日本屬於后發展類型的市場經濟國家，作為市場主體的利害關係者積極參與投資企業的活動，為了該企業的長期繁榮，積極行使發言權，不出售其所持有的股權，資本和勞動力的市場化受到制約。而在中國，市場化程度仍舊較低，資源流動速度緩慢，公司治理機制更為複雜。

第二，法律制度的差異。法律制度直接影響公司的股權結構和股東類型。例如，美國公司股權結構之所以呈分散狀態，原因是多方面的，但美國相關法律限制股權集中是一個十分重要的因素。與歐洲國家和東亞的日本相比，美國的法律禁止通過金融機構實現控股權的關鍵性集中。在中國，相當長的一段時間內，法律規定國有企業股份制改造，國有股東持股比例不能低於50%，以防止國有資產的流失，直接造成了中國國有企業一股獨大的局面。

第三，歷史文化傳統的影響。例如，日本之所以形成以法人相互持股和主銀行制度為特徵的內部治理結構，既與日本二戰后一方面施行民主化，解散財閥，限制個人持股量，增強經營者地位有關；另一方面也同日本人迴避風險的穩定投資偏好以及注重內部關係協調和合作的國民心理有關。而美國人則天生喜歡冒險，因此其家庭持股相當普遍，各家公司的股權分散也就成為必然。在中國，家族企業由於創業的艱辛、對於未來財富的不確定性需求、社會性的信任體系尚未建立，一般不願

意分散家族控制權。

　　第四，企業資源、能力集合的過程。企業生產經營的組織過程，實質上是一個資源與能力的集合過程。每一家企業，即使在相同的行業，具有相同的起始資源，但是由於其集合進程的差異性，導致其公司治理存在明顯的差異。例如，在中國的中型氮肥這一行業，國家在20世紀60年代建設了11家工藝相同、規模相同、技術裝備相同、原材料相同、產品與市場相同的企業，在建成投產后，由於它們的資源、能力集合的過程存在差異，少部分企業已經成為行業的領袖，如湖北宜化、華魯恒升等，它們也率先走上了市場化、股份制、公眾公司的治理模式；而另一些企業由於資源與能力集合效率較低，在公司治理模式方面顯得有些墨守成規，在體制方面明顯不適應市場競爭的需要，而成為被兼併的對象。

　　第五，企業家個人價值觀的影響。企業家個人價值觀對於公司治理機制的形成具有重大的影響。一些作風民主、勇於承擔責任、對於財富具有平和心態、對於事業有較大追求的企業家，容易在公司治理機制安排方面，設計出激勵與約束相結合的治理體系；而另一些企業家在思想上習慣於嚴格的控制，對於公司的執行力，尤其是對領導者個人決策的執行力比較看重，這樣的公司，很容易形成一股獨大、「一言堂」的治理機制。

　　公司治理機制的形成是一個複雜的過程，不能說某一種治理方式是萬能的，也不能說某一種治理模式是不對的，但是在某一特定的市場環境與企業發展階段，一定有一種適應公司發展要求的獨特的治理模式，卓越的公司就是不斷在尋求這種模式的路上。

7.4.3　卓越公司治理的發展方向

　　卓越的公司治理除了考慮前面中提到的因素外，還需要把

握公司治理的發展方向，將公司治理的發展方向以及企業本身的資源、能力、環境相結合，形成獨特的治理模式。

7.4.3.1 中國特色的利益相關者治理模式

以股東利益最大化為公司治理核心的思想越來越受到挑戰，人們普遍認識到公司承擔社會責任的必要性。這是因為公司存在的目的還在於要關注對國家的稅收責任；對社區和消費者在社區環境與利益協調方面承擔責任；對債權人承擔債務安全保證責任；對職工承擔勞動權利保障及利益保護責任；等等。強化利益相關者的利益不僅不會使公司短期利益受損，反而更有利於公司與社會各種利益主體和諧相處，增強經營的持續性。《中華人民共和國公司法》雖然在維護小股東利益方面有一些進展，但對董事會在承擔社會利益相關者利益保護義務方面的規定甚少，監事會在履行監督職能方面發揮作用不佳。同時，不少公司勞資矛盾突出，與社區不能和諧相處，同債權人的矛盾衝突也屢見不鮮，過分追求稅收優惠與減免，經營管理效率不高，盈利缺乏持續性。這與利益相關者在公司治理中的缺位是密不可分的。

7.4.3.2 混合所有制治理模式

混合所有制經濟是指財產權分屬於不同性質所有者的經濟形式。從宏觀層次來講，混合所有制經濟是指一個國家或地區所有制結構的非單一性，即在所有制結構中，既有國有、集體等公有制經濟，也有個體、私營、外資等非公有制經濟，還包括擁有國有和集體成分的合資、合作經濟；而作為微觀層次的混合所有制經濟，是指不同所有制性質的投資主體共同出資組建的企業。公有制經濟和非公有制經濟在經營決策、收入分配和融資等方面存在機制上的摩擦，這種摩擦會導致一系列經濟參數的扭曲。市場化改革的趨勢要求機制上的統一，這就決定了不同所有制經濟尋求聯合的內在要求。其形成途徑有組建跨

所有制的、由多元投資主體形成的公司和企業集團；不同所有制企業相互參股；公有制企業出售部分股權或吸收職工入股；等等。

7.4.3.3 員工參與治理模式

員工參與治理是員工為增強對影響他們自身的各種各樣事務的控制能力，所提出的各種各樣的建議和計劃。這種控制或者直接通過參與決策來執行，或者間接通過決策體制的代表權來執行，比如董事會的席位。因此，員工治理與股東治理相近卻不同，是員工在行使一種與股東可以相比的但並不是完全相同的所有權。員工參與治理有以下幾種形式：一是員工分享剩餘索取權。這主要有三種形式，即員工持股計劃（ESOP）、股份合作制和利潤分享。二是顯性的制度安排，即通過法律或規章制度的形式明確規定員工參與企業管理及治理的一種模式。從國際經驗看，這主要有日本的終身雇傭制、德國的共同決定制和中國的職工代表大會制度等形式。三是給予員工剩餘控制權。其主要形式是員工擁有現場決定權，它是基於員工擁有現場決定的優勢信息，從而有利於降低成本、提高企業決策質量和監督效率。例如，日本企業中員工現場決策比較普遍，如「看板」制度，它融洽了組織氣氛，保持了日本企業的持續高增長。

7.4.3.4 戰略投資機構參與治理模式

引入戰略性機構投資者實質上也是種干預公司治理的重要手段。戰略性機構投資者通過對公司大股東及管理層的日常經營活動及決策進行監督，防止大股東或者管理層通過掏空上市公司資產等侵害機構投資者及其他小股東權益的事情發生。

在規範公司治理方面，需要提升戰略機構投資者進行公司治理的動機。首先，對於公司戰略機構投資者而言，其在選擇投資項目時最注重的便是所投資項目的發展前景及盈利水平，在這種情況下機構投資者必然會選擇公司結構較為穩固、內部

控制水平較高、企業發展前景較好的企業進行投資。這便會激勵某些內部水平較低的企業提高自身管理能力和經營效率，以獲得機構投資者的青睞。其次，政府部門需要鼓勵機構投資者參與到公司治理中來，從政策角度掃除機構投資者進行公司治理的障礙。這樣機構投資者進行公司治理的政策成本就會降低。最后，機構投資者必須要意識到其進行公司治理、參與公司監督創造的價值並不僅僅會受到中小股東的「搭便車」，也會為自身獲取更多利益打下很好的基礎。

7.4.3.5 公司治理中的企業文化治理模式

公司治理文化是指股東、董事、監事、經理人員、重要員工等公司利益相關者及其代表，在參與公司治理過程中逐步形成的有關公司治理的理念、目標、哲學、道德倫理、行為規範、制度安排等及其治理實踐。它包括董事和董事會的思維方式、理論和做法，是一整套法律、文化和制度安排，這些安排決定了公司的目標、行為以及在公司眾多的利益相關者當中，由誰來控制公司、怎樣控制、風險和收益如何在不同的成員之間進行分配等。因而公司治理各相關主體的行為總是處於價值模式的內在約束之下。正是通過這種文化價值模式的認同，公司治理作為一種制度在企業中獲得權威性。

每個企業都有自己獨特的治理風格。這種風格是在企業長期生產經營和治理實踐中逐漸形成的，具有穩固性，很難輕易改變。但是，這並不是說股東、員工等的治理觀念就是一成不變的。對於股東來說，這主要表現為風險觀念的差異與衝突；對經營管理者來說，價值觀念的差異與衝突集中表現在對工作和成就的態度及生活觀念上。優秀企業在市場競爭中往往以互惠、互利、效率為指導思想，更多地考慮對方的獲利性，在管理中實現雙贏。因為企業作為一個營利性組織，在追逐利潤的同時還應更多地承擔社會責任。只有將這種價值觀根植於企業

經營文化之中，公司才可能獲得更優秀的治理模式。

7.4.3.6 基於流程管理與風險管理的公司治理模式

卓越的公司治理，仍然可能存在風險，2008年的金融危機中的雷曼兄弟銀行等企業，並不能說它們之前的治理機制不佳。公司治理的關鍵是董事會，而董事會的職能從本質上看就是控制風險。如果一個公司發生重大失誤，就說明風險失控，董事會工作失效。內部控制是風險管理的基礎和重要組成部分，它們是一體化的，是不能分割的。內部控制解決的是常規性風險的問題，非常規性風險內部控制解決的是「如何正確地做事」的問題，風險管理解決的是「如何做正確的事」的問題。它們既有聯繫，又有區別。

很多企業雖然制定了許多制度，但是基本上還只是貼在牆上或鎖在櫃子中，實際工作仍在依靠人的指揮，企業工作的流程和標準往往僅存在於領導的腦子中，而不是在制度上。只有企業的制度流程化了，將風險管理的意識、基因內嵌入流程管理之中，每一個人都能在流程中找到自己的位置，並且明確了管理標準，這個制度才能真正落實，公司的治理機制才能真正發揮作用。

參考文獻

[1] Joseph S Nye. Bound to Lead: The Changing Nature of American Power [M]. New York: Basic Books, 1990.

[2] 郭倩. 企業軟實力的內涵、內容和作用機理 [J]. 山東商業職業技術學院學報, 2014 (1).

[3] 黃國群, 徐金發. 企業軟實力的內涵、形成過程及作用機理研究 [J]. 軟科學, 2008 (2).

[4] 嵇國平. 企業軟實力的作用機理研究 [J]. 科技經濟市場, 2009 (10).

[5] 羅高峰. 基於價值認同視角的企業軟實力作用機制研究 [J]. 管理世界, 2010 (3).

[6] 徐世偉, 劉德田. 基於企業公民視角的民營企業軟實力研究 [J]. 重慶與世界, 2013 (3).

[7] 高昆, 汪浩. 軟實力——企業持續增長的核心動力 [J]. 上海企業, 2006 (6).

[8] 鄧正紅. 企業軟實力的六種模式 [J]. 商界 (評論), 2007 (6).

[9] 王洪亮. 企業軟實力的構成 [J]. 政工研究動態, 2007 (23).

[10] 孫海剛. 企業軟實力及其評價體系探析 [J]. 石家莊經濟學院學報, 2009 (5).

[11] 郭海清. 企業軟實力形成的影響因素 [J]. 經濟導刊,

2012 (1).

[12] 於政紅. 企業軟實力的形成機理、作用機制及其提升路徑分析 [J]. 齊魯師範學院學報, 2015 (2).

[13] 曹江峰. 關於影響企業軟實力形成的因素分析 [J]. 北方經濟, 2012 (7).

[14] 孫顯輝. 關於提高企業軟實力的探討——組織信任、工作滿足與知識分享的關係研究 [J]. 價格理論與實踐, 2012 (8).

[15] 丁政. 企業軟實力結構模型的構建與解析 [J]. 科學學與科學技術管理, 2007 (7).

[16] 李春豔. 企業軟實力及其形成的關鍵因素分析 [J]. 東北師範大學學報: 哲學社會科學版, 2010 (1).

[17] 郝鴻毅. 企業軟實力 [M]. 北京: 中國時代經濟出版社, 2008.

[18] 於朝暉. 提升企業「軟實力」——戰略公關模型構建與解析 [J]. 上海管理科學, 2008 (12).

[19] 郭德. 基於 ANP 的企業軟實力評價體系研究 [J]. 科學學與科學技術管理, 2008 (7).

[20] 朱琳. 基於 Fuzzy-ANP 的供電企業員工軟實力研究 [J]. 華東電力, 2012 (4).

[21] 孫海剛. 企業軟實力及其評價體系探析 [J]. 石家莊經濟學院學報, 2009 (5).

[22] 王超, 王志章. 包容性發展理念與國有企業軟實力的提升 [J]. 四川理工學院學報: 社會科學版, 2012 (6).

[23] 黃國群. 從企業軟實力到新組織權力觀——約瑟夫·奈的權力思想對管理學的啟示 [J]. 工業技術經濟, 2012 (6).

[24] 劉亞軍. 對企業軟實力的再認識 [J]. 鐵路採購與物流, 2014 (4).

[25] 郭永新. 構建企業軟實力體系 [J]. 輕工標準與質量,

2013（5）．

［26］楊莉．基於可拓論的企業軟實力共軛分析［J］．價值工程，2013（5）．

［27］徐世偉．基於企業公民視角的民營企業軟實力研究［J］．重慶與世界，2013（3）．

［28］張其仔．社會資本與國有企業績效研究［J］．當代財經，2000（1）．

［29］姜萬勇，等．企業軟實力建設框架體系研究［J］．湖南師範大學社會科學學報，2015（1）．

［30］沈澤宏．提升企業軟實力四策［J］．冶金企業文化，2014（1）．

［31］陳依元．試論經濟文化與經濟文化力［J］．文化研究，1999（9）．

［32］關多義．文化生產力對經濟發展的作用初探［J］．生產力研究，2000（6）．

［33］周浩然．論文化國力［J］．文化研究，1999（3）．

［34］張海燕．社會發展中的文化動力結構分析［J］．河北北方學院學報，2007（2）．

［35］列寧選集：4卷［M］．北京：人民出版社，1972．

［36］毛澤東選集：2卷［M］．北京：人民出版社，1991．

［37］孟憲平．社會進步的文化動力觀——對鄧小平文化動力思想的分析［J］．巢湖學院學報，2008（2）．

［38］王紅英，婁海波．中國文化動力發展的缺失與三要素分析［J］．商業文化，2009（6）．

［39］張大中．企業可持續發展的文化動力［J］．冶金企業文化，2006（2）．

［40］顧成林．試論文化發展的動力機制［J］．哈爾濱學院學報，2013（5）．

[41] 蘇德中. 企業影響力——亞洲經濟發展的新坐標 [J]. 博鰲觀察, 2014 (4).

[42] 崔學海, 夏志有. 當代社會條件下精神文化價值彰顯的思考 [J]. 經濟與社會發展, 2009 (10).

[43] 邢以群, 葉王海. 企業文化演化過程及其影響因素探析 [J]. 浙江大學學報: 人文社會科學版, 2006 (2).

[44] 孫慧陽. 論企業文化的本質及發展趨勢 [J]. 湖南商學院學報, 2007 (2).

[45] 婁宏毅. 企業文化的影響因素及制度化建設 [J]. 商場現代化, 2006 (12).

[46] 向浩, 王欣. 論財務視角下的企業人力資本、組織資本 [J]. 財經科學, 2009 (7).

[47] 趙順龍. 基於企業文化的組織資本形成研究 [J]. 南京師範大學學報: 社會科學版, 2004 (6).

[48] 趙倩, 武忠. 面向業務流程的知識共享模型研究 [J]. 情報雜誌, 2007 (9).

[49] Nelson R, Winter S. An Evolutionary Theory of Economic-change [M]. London: The Belknap Press of Harvard University Press, 1982.

[50] 劉普照. 企業基因理論與國有企業效率 [J]. 經濟理論與經濟管理, 2002 (1).

[51] 劉曄, 閆淑敏. 企業能力的基因表達及其進化機制 [J]. 東北大學學報: 社會科學版, 2007 (9).

[52] 盧長寶. 企業文化效率的經濟學解釋 [J]. 當代財經, 2002 (2).

[53] 盧美月, 張文賢. 企業文化與組織績效關係研究 [J]. 南開經濟評論, 2006 (6).

[54] 徐彬, 崔曉明. 組織文化影響組織績效的作用機制研

究——組織文化匹配性的視角［J］．上海第二工業大學學報，2012（9）．

［55］張虹霓．企業文化與組織績效管理研究［J］．人才資源開發，2015（3）．

［56］李錦宏，翟欣．論區域文化對區域競爭力的影響［J］．赤峰學院學報，2008（5）．

［57］禹海慧．少數民族企業如何構建民族企業文化——以新疆為例［J］．貴州民族研究，2014（1）．

［58］禹海慧，曾鵑．國外企業社會責任研究綜述［J］．改革與戰略，2010（3）．

［59］萬莉，羅怡芬．企業社會責任的均衡模型［J］．中國工業經濟，2006（9）．

［60］辛晴，綦建紅．企業承擔社會責任的動因及實現條件［J］．華東經濟管理，2008（11）．

［61］羅重譜．企業社會責任動力機制的多維探視［J］．廣西經濟管理幹部學院學報，2008（2）．

［62］楊春芳．中國企業社會責任影響因素實證研究［J］．經濟學家，2009（1）．

［63］李正．企業社會責任與企業價值的相關性研究——來自滬市上市公司的經驗證據［J］．中國工業經濟，2006（2）．

［64］李海艦，馮麗．企業價值來源及其理論研究［J］．中國工業經濟，2004（3）．

［65］周祖成．企業社會責任：視角、形式與內涵［J］．理論學刊，2005（2）．

［66］Keith Davis, William C Frederick. Business and Society: Management, Public Policy, Ethics［M］. 5th ed. New York: McGraw-Hill, 1984.

［67］任重遠，朱貽庭．利益相關者權利與企業社會責任

[J]. 道德與文明, 2007 (1).

[68] 陳雷. 理解企業倫理 [M]. 杭州: 浙江大學出版社, 2008 (9).

[69] 張敏. 從傳統發展觀到和諧發展觀 [J]. 延安教育學院學報, 2008 (2).

[70] 楊雨誠, 鐘漲寶. 企業的歷史使命與企業文化建設 [J]. 商場現代化, 2008 (4).

[71] 趙志浩. 傳統義利觀與現代企業管理 [J]. 湖南工程學院學報, 2013 (2).

[72] 李楠. 企業社會責任對企業績效影響的國外文獻研究綜述 [J]. 企業技術開發, 2014 (5).

[73] 段文, 等. 國外企業社會責任研究述評 [J]. 華南理工大學學報: 社會科學版, 2007 (6).

[74] 李新娥, 穆紅莉. 企業社會責任和企業績效關係的實證研究 [J]. 企業經濟, 2010 (4).

[75] 麥影. 企業社會責任、組織信任對組織績效的影響 [J]. 商業時代, 2012 (3).

[76] Carroll A B, A K Buchholtz. Business & Society. Ethics and Stakeholder Management [M]. Cinn Ohio: South-Western Publishing, 2000.

[77] Williams R J, Barrett J D. Corporate Philanthropy, Criminal Activity, and Firm Reputation [J]. Journal of Business Ethics, 2000, 26.

[78] Brown S P, Leigh T W. A New Look at Psychologicalclimate and Its Relationship to Job Involvement, Effort, and Performance [J]. Journal of Applied Psychology, 1996, 81 (4).

[79] 鄭思晗, 等. 企業社會責任與企業績效的關係——考慮組織學習與客戶感知的仲介作用 [J]. 技術經濟, 2015 (7).

[80] 斯蒂芬・P. 羅賓斯. 管理學 [M]. 孫健敏, 譯. 北京: 中國人民大學出版社, 2004.

[81] 詹姆斯・E. 波斯特. 企業與社會 [M]. 張志強, 譯. 北京: 中國人民大學出版社, 2005.

[82] 余澳, 等. 論企業社會責任的性質與邊界 [J]. 四川大學學報: 哲學社會科學版, 2014 (2).

[83] 郭躍進, 等. 企業社會責任中自我調節的有效性 [J]. 軟科學, 2014 (9).

[84] 朱曉霞. 企業家一詞的內涵的變遷與界定 [J]. 科技創新導報, 2008 (24).

[85] 馬新建. 企業家資源的內涵、特性與發展研究 [J]. 大連理工大學學報: 社會科學版, 2004 (12).

[86] 聶偉. 西方公司企業家精神研究綜述 [J]. 湖北社會科學, 2006 (4).

[87] 方軼星, 葛秋辰. 浙江企業家精神研究文獻綜述 [J]. 經營與管理, 2014 (8).

[88] 郭惠玲. 公司企業家精神與企業績效的實證研究——基於營銷能力的交互作用 [J]. 華僑大學學報: 哲學社會科學版, 2014 (3).

[89] Peters T J, Waterman R H. In Search of Excellence [M]. New York: Harper and Row, 1982.

[90] 馬衛東, 遊玲杰, 胡長深. 企業家精神、開拓能力與組織績效——基於蘇北地區企業的實證分析 [J]. 企業經濟, 2012 (8).

[91] 陽志梅. 企業家精神、組織學習與集群企業競爭優勢的關係實證研究 [J]. 科技管理研究, 2010 (2).

[92] Dess G G, Ireland R D, Zahra S A. Emerging Issues in Corporate Entrepreneurship [J]. Journal of Management, 2003, 29 (3).

[93] 範群林, 等. 文化科技產業中企業家精神與技術創新能力之間的仲介作用 [J]. 財會月刊, 2015 (30).

[94] Cohen W M, Levinthal D A. Absorptive Capacity: A New Perspective on Learning and Innovation [J]. Administrative Science Quarterly, 1990 (35).

[95] 毛良虎, 等. 企業家精神對企業績效影響的實證研究——基於組織學習、組織創新的仲介效應 [J]. 華東經濟管理, 2010 (2).

[96] Leonard-Barton D. Core Capabilities and Core Rigidities: A Paradox in Managing New Product Development [J]. Strategic Management Journal, 1992, 13 (S1).

[97] 張勇. 基於微粒群算法的企業創新能力評價 [J]. 統計與決策, 2012 (21).

[98] 陳力田, 趙曉慶, 魏致善. 企業創新能力的內涵及其演變：一個系統化的文獻綜述 [J]. 科技進步與對策, 2012, 29 (14).

[99] 胡海波. 基於技術創新和制度創新互動的自主創新能力分析 [J]. 湖南社會科學, 2012 (4).

[100] 吳勝男, 向劍勤, 王紅星. 社會網路視角下企業知識共享應用的案例分析 [J]. 圖書情報工作, 2011, 55 (10).

[101] 劉谷金, 盛小平. 論知識資本價值的測量 [J]. 求索, 2001 (4).

[102] Bontis N. Intellectual Capital: An Exploratory Study that Develops Measures and Models [J]. Management Decision, 1998, 36 (2).

[103] Uzzi B. Social Structure and Competition in Interfirm Networks: The Paradox of Embeddedness [J]. Administrative Science Quarterly, 1997.

[104] Nerkar A, Paruchuri S. Evolution of R&D Capabilities: The Role of Knowledge Networks within a Firm [J]. Management Science, 2005, 51 (5).

[105] 汪蕾, 蔡雲, 陳鴻鷹. 企業社會網路對創新績效的作用機制研究——基於浙江的實證 [J]. 科技管理研究, 2011 (14).

[106] 陳豔豔, 王國順. 外部知識吸收能力對企業創新的影響機制研究 [J]. 求索, 2010 (4).

[107] 陳曉紅, 雷井生. 中小企業績效與知識資本關係的實證研究 [J]. 科研管理, 2009, 30 (1).

[108] Reed K K, Lubatkin M, Srinivasan N. Proposing and Testing an Intellectual Capital-Based View of the Firm [J]. Journal of Management studies, 2006, 43 (4).

[109] Landry R, Amara N, Lamari M. Does Social Capital Determine Innovation? To What Extent? [J]. Technological Forecasting and Social Change, 2002, 69 (7).

[110] 陶海青, 薛瀾. 社會網路中的知識傳遞 [J]. 經濟管理, 2004 (6).

[111] Jarillo J C. On Strategic Networks [J]. Strategic Management Journal, 1988, 9 (1).

[112] 冉秋紅. 知識導向的管理控制系統：基本框架與具體運作 [J]. 會計研究, 2007 (9).

[113] 陶海青, 薛瀾. 社會網路中的知識傳遞 [J]. 公共管理, 2004 (6).

[114] 黨興華, 鄭登攀. 技術創新網路中核心企業影響力評價因素研究 [J]. 科研管理, 2007 (3).

[115] 王進, 張宗明. 道德資本、組織認同與員工契合度關係的實證研究 [J]. 企業經濟, 2013 (2).

[116] 何娟. 企業品牌資本內涵研究 [J]. 雲南社會科學, 2005 (2).

[117] 楊宇, 沈坤榮. 社會資本對技術創新的影響——基於中國省級面板數據的實證研究 [J]. 當代財經, 2010 (8).

[118] 李京. 企業社會資本對企業成長的影響及其優化——基於社會資本結構主義觀思想 [J]. 經濟管理, 2013 (7).

[119] 胡剛. 企業社會資本的獲取與投資——利益相關者管理與公司社會責任 [J]. 中國經濟問題, 2004 (6).

[120] 段文, 晁罡, 劉善仕. 利益相關者視角的供應鏈管理績效評價體系 [J]. 科學研究, 2006 (8).

[121] 李雷鳴, 孟翠翠. 談基於供應鏈管理的企業社會責任履行 [J]. 商業時代, 2008 (26).

[122] 範志國, 付波. 基於企業社會責任的供應鏈管理監督模式研究 [J]. 企業活力, 2010 (1).

[123] 張宇. 影響供應商與零售商供應鏈夥伴關係實施的五點因素 [J]. 知識經濟, 2010 (4).

[124] 汪秀英. 論品牌價值與經濟學價值理論的關係——兼論品牌資產的價值模型 [J]. 現代經濟探討, 2008 (2).

[125] 陳棟, 衛平. 企業品牌核心價值研究 [J]. 技術經濟, 2011 (3).

[126] 黃賢玲, 蘇紅健. 品牌的價值特徵及其管理 [J]. 科技進步與對策, 2001 (6).

[127] Gyrd-Jones R I, Kornum N. Managing the Co-created Brand: Value and Cultural Complementarity in Online and Offline Multistakeholder Ecosystems [J]. Journal of Business Research, 2013, 66 (9).

[128] Torres A, Bijmolt T H, Tribo J A, et al. Generating Globalbrand Equity through Corporate Social Responsibility to Key

Stakeholders [J]. International Journal of Research in Marketing, 2012, 29 (1).

[129] Joseph S Nye. Soft Power [J]. Foreign Policy, 1990 (3).

[130] Joseph S Nye. The Changing Nature of World Power [J]. Political Science Quarterly, 1990, 105 (2).

[131] Joseph S Nye. The Paradox of American Power: Why the World Only Super Power Can't Go It Along [M]. Oxford: Oxford University Press, 2002.

[132] Joseph S Nye. 注定領導世界：美國權力性質的變遷 [M]. 劉華, 譯. 北京：中國人民大學出版社, 2012.

[133] Javier Noya. The Symbolic Power of Nation [J]. Place Branding, 2005 (2).

[134] David B Yoffie, Mary Kwak. With Friend Like These: The Art of Managing Complementors [J]. Harvard Business Review, 2006 (9).

[135] John Quelch. How Soft Power is Winning Hearts, Minds and Influence [N]. Financial Times, 2005-10-10.

[136] 金周英. 從國家軟實力到企業軟實力 [J]. 中國軟科學, 2008 (8).

[137] 郝鴻毅. 企業軟實力 [M]. 北京：中國時代經濟出版社, 2008.

[138] 張強. 企業軟實力：一個應用定性技術的歸納性分析 [J]. 管理世界, 2011 (11).

[139] 鄧正紅. 軟實力——中國企業破局之道 [M]. 武漢：武漢大學出版社, 2009.

[140] 於朝暉. 提升企業軟實力——戰略公關模型構建與解析 [J]. 上海管理科學, 2008 (6).

[141] 趙靜. 提升企業軟實力增強核心競爭力 [J]. 中國石油企業, 2008 (5).

[142] 鄧羊格. 企業軟實力 整合時代的管理利器 [J]. 中外管理, 2008 (4).

[143] 孫海剛. 企業軟實力及其評價體系探析 [J]. 石家莊經濟學院學報, 2009 (5).

[144] 李杰. 企業軟實力及其評價體系研究 [D]. 北京: 北京交通大學, 2010.

[145] 張菡姣. 企業軟實力評價指標體系研究 [D]. 北京: 中國地質大學, 2012.

[146] 陳陽, 禹海慧. 管理學原理 [M]. 北京: 北京大學出版社, 2013.

[147] 祖群英. 當前閩臺文化交流的機制創新研究 [J]. 中共福建省委黨校學報, 2008 (4).

[148] 馬曉苗, 等. 企業文化創新的湧現機理研究 [J]. 科技管理研究, 2013 (9).

[149] 徐雙慶, 徐金發. 基於認同的企業軟實力內容構成分析 [J]. 經濟論壇, 2008 (18).

[150] 董越. 心理契約對知識共享的影響: 組織認同的仲介效應 [J]. 知識經濟, 2016 (2).

[151] 李瑛玫, 等. 基於利益相關者價值認同度的中國企業軟實力評價體系研究 [J]. 濟南大學學報: 社會科學版, 2013 (6).

[152] 李蘭芬, 李西杰. 社會信仰: 社會資本的權威內核 [J]. 人文雜誌, 2003 (3).

[153] 李連光. 無形資本的形成及其運動過程 [J]. 商業研究, 2013 (5).

[154] 張晉光, 等. 全面認識企業無形資本價值的決定因

素［J］.商業時代(理論版)，2004（8）.

［155］陳梅.企業無形資本的戰略控制［J］.科學決策，2011（12）.

［156］羅勇成.員工參與治理研究綜述［J］.中共雲南省委黨校學報，2008（2）.

后記

在過去的20多年，中國經濟飛速發展，做大做強成為許多企業的夢想以及經營實踐的目標。然而，彈指一揮間，相當多的企業從未強大過，少部分企業曾經做大過，有過輝煌的歷史，但在激烈的市場競爭中，要麼被市場淘汰，要麼在供給過剩的買方市場環境中艱難度日。多數企業的眼中只有市場競爭、只有控制更多的資源等短期競爭觀點，很少有企業認真地思考，企業存在的價值是什麼？企業會為社會帶來什麼貢獻？除了物質形態的產品，企業是否可以為社會帶來精神文明？真正能做強的企業有多少呢？強在什麼地方呢？

企業的生存邏輯是什麼？是生產產品—營利—擴大規模—生產產品—營利⋯⋯如此循環嗎？是提供產品與服務—消費者物質要求與精神需求的雙重滿足—獲得影響力—繼續提供更為優良的服務—成為社會文化的一部分—獲得影響力⋯⋯大部分企業最終在消費者的心中最多只能（甚至不能）留下一個影子，而企業在市場競爭中體現出來的人文精神（包括創新精神、服務精神、工匠精神、學習精神等），將成為社會文化的一部分，永遠留在人們的心中。這種競爭中體現出的人文精神的影響力越大，企業就越強。

企業只有將「營利、不斷營利」的功利思想，小心地藏在某一個角落，而將服務社會、完善與創造需求、改變社會生活

方式、引導人們的正確消費觀念、以人為本、為消費者與社會創造更多的有用價值等具有正能量的價值觀用以指導生產經營實踐，企業才有可能成為強者。

令人欣慰的是，中國在國際上有影響力的企業越來越多，典型代表是華為。據《商業周刊》報導，《經濟學人》稱華為是「歐美跨國公司的災難」，《時代》雜誌稱華為是「所有電信產業巨頭最危險的競爭對手」。愛立信全球總裁衛翰思說：「它是我們最尊敬的敵人。」華為在全球銷售的當然是產品，但是比產品更加令人尊敬的是它的創新能力、學習能力、服務精神，這才是它真正影響力的來源，這是它的軟實力與硬實力的完美結合。類似的企業還有海爾、格力、聯想、老干媽……

關於企業軟實力的研究方興未艾，企業軟實力必定成為中國在經濟轉型、供給側結構性改革的背景下企業經營實踐的重要思想指南之一。

本書是作者在企業文化、企業社會責任、企業軟實力三個領域研究的部分成果的基礎上，第一次系統化地將相關成果梳理，置於企業軟實力的整體框架之下進行研究。在書稿的完成過程中，借鑑與參考了其他研究者大量相關研究成果，正是他們的成果促進了我的思路逐漸成熟。在此，對於他們的貢獻，我充滿了敬重與感謝。

最后，感謝我的家人、同事以及本書的編輯，正是大家的無私幫助，才使得我充滿能量與信心，使得我有精力來完成本書的寫作。

禹海慧

國家圖書館出版品預行編目(CIP)資料

企業軟實力的演化與評價——從文化動力到影響力/ 禹海慧 著.
-- 第一版.-- 臺北市：崧燁文化，2018.08

　面　；　公分

ISBN 978-957-681-516-4(平裝)

1.組織文化

494.2　　107013523

書　名：企業軟實力的演化與評價——從文化動力到影響力
作　者：禹海慧 著
發行人：黃振庭
出版者：崧燁文化事業有限公司
發行者：崧燁文化事業有限公司
E-mail：sonbookservice@gmail.com
粉絲頁　　　　　　網　址：
地　址：台北市中正區重慶南路一段六十一號八樓 815 室
8F.-815, No.61, Sec. 1, Chongqing S. Rd., Zhongzheng Dist., Taipei City 100, Taiwan (R.O.C.)
電　話：(02)2370-3310　傳　真：(02) 2370-3210
總經銷：紅螞蟻圖書有限公司
地　址：台北市內湖區舊宗路二段 121 巷 19 號
電　話：02-2795-3656　　傳真：02-2795-4100　網址：
印　刷：京峯彩色印刷有限公司（京峰數位）
　　本書版權為西南財經大學出版社所有授權崧燁文化事業有限公司獨家發行電子書繁體字版。若有其他相關權利及授權需求請與本公司聯繫。

定價：400 元

發行日期：2018 年 8 月第一版

◎ 本書以POD印製發行